T0144072

Berufseinstieg für Ingenieure

Elke Pohl • Bernd Fiehöfer

Berufseinstieg für Ingenieure

2. Auflage 2016

Elke Pohl
Elke Pohl Medienservice
Berlin, Deutschland

Bernd Fiehöfer
Berlin, Deutschland

ISBN 978-3-658-08234-5   ISBN 978-3-658-08235-2 (eBook)
DOI 10.1007/ 978-3-658-08235-2

Die Deutsche Nationalbibliothek verzeichnet diese Publikation in der Deutschen National-
bibliographie; detaillierte bibliographische Daten sind im Internet über http://dnb.d-nb.de
abrufbar.

Springer Gabler
© Springer Fachmedien Wiesbaden 2014, 2016

Springer Fachmedien Wiesbaden GmbH ist Teil der Fachverlagsgruppe
Springer Science+Business Media
(www.springer.com)

Liebe Leserinnen und Leser,

„Lernen ist wie Rudern gegen den Strom. Hört man damit auf, treibt man zurück." Dieser weise Spruch des chinesischen Philosophen und Taoisten Laotse mag jemandem, der sein ganzes bisheriges Leben oder zumindest den größten Teil davon mit Lernen zuge-bracht hat und nun kurz vor einem ganz wichtigen Ziel steht, befremdlich erscheinen. Und hier soll auch gar nicht mit dem erhobenen Zeigefinger darauf verwiesen werden, dass erworbenes Wissen heute so schnell veraltet wie nie zuvor. Denn Sie arbeiten gerade intensiv auf den Abschluss Ihres Studiums hin und das Kapitel „Lernen" liegt dann – erst einmal – hinter Ihnen. Doch natürlich wissen Sie genau, dass es auch in Zukunft keinen Stillstand geben kann. Denn noch während Sie vielleicht für die nächste Prüfung lernen, machen Sie sich höchstwahrscheinlich Gedanken darüber, wie es beruflich bei Ihnen nach dem Abschluss des Studiums weitergehen soll. Vielleicht haben Sie schon einen genau-en Plan – Glückwunsch! Wenn Sie damit noch am Anfang stehen, noch Zweifel haben und Ihre Wahl noch nicht auf eine ganz konkrete Branche, eine bestimmte Stadt oder ein Unternehmen gefallen ist: Jetzt ist es Zeit loszurudern. Zugegeben, die Möglichkeiten scheinen unendlich zu sein, die Wahl kann zur Qual werden. Allerdings haben Sie mit Ihrer Studienrichtung schon eine erste – sinnvolle – Eingrenzung vorgenommen. Wie es damit nun weitergehen kann, dabei will Ihnen das vorliegende Buch helfen. Es gibt Anregun-gen, hält Informationen bereit und zeigt Alternativen auf. Die eigentlichen Entscheidungen kann – und will – es Ihnen indes nicht abnehmen. Warum auch? Sie sind jung! Machen Sie sich auf den Weg, suchen Sie und freuen Sie sich auf das, was Ihnen dabei an interessan-ten, herausfordernden Situationen begegnen wird.

Wir wünschen Ihnen beruflich und privat immer genug Kraft zum Rudern und vor allem Spaß dabei.

Ihre

Elke Pohl

Inhalt

1

DER ARBEITSMARKT FÜR INGENIEURE

Im bundesdeutschen Durchschnitt kommen aktuell auf 1.000 sozialversicherungspflichtig Beschäftigte knapp 27, die in einem Ingenieurberuf arbeiten. Das haben der Verein Deutsche Ingenieure (VDI) und das Institut der Deutschen Wirtschaft Köln in ihrem Ingenieurmonitor von Februar 2015 festgestellt. Zwischen dem vierten Quartal 2012 und dem zweiten Quartal 2014 ist die entsprechende Ingenieurberufsdichte um 1,8 % gestiegen, was als Zeichen einer weiter zunehmenden Forschungs- und Wissensintensivierung der Beschäftigung zu interpretieren ist. Während in Bayern und Baden-Württemberg eine Vielzahl der Kreise und kreisfreien Städte eine überdurchschnittliche Beschäftigungsintensität der Ingenieurberufe aufweist, nimmt die entsprechende Dichte Richtung Norden tendenziell ab. Lediglich die niedersächsischen Beschäftigungshochburgen stechen positiv heraus, wobei Wolfsburg mit einer Ingenieurberufsdichte von 107 unangefochten den deutschlandweiten Spitzenplatz einnimmt. In Mecklenburg-Vorpommern, Schleswig-Holstein, Sachsen-Anhalt und Berlin hingegen kommen sämtliche Kreise nur auf unterdurchschnittliche Werte.

In den Ingenieurberufen bieten sich unverändert gute Chancen für eine Beschäftigung. Zwar ist das gesamtwirtschaftliche Stellenangebot im Vorjahresvergleich leicht gesunken und die Arbeitslosigkeit gestiegen, doch kamen im vierten Quartal 2014 im Bundesschnitt bei einem Verhältnis von 206 zu 100 immer noch mehr als zwei offene Stellen auf eine arbeitslos gemeldete Person. Die größten Beschäftigungschancen boten der Maschinen- und Fahrzeugbau sowie die Energie- und Elektrotechnik mit über drei offenen Stellen pro Arbeitslosen. Auch regionale Differenzen sind deutlich spürbar. Insbesondere Baden-Württemberg mit 363 offenen Stellen je 100 Arbeitslose, Bayern mit einem Verhältnis von 307 zu 100 sowie Hessen mit einer Engpassrelation von 246 zu 100 boten in den Ingenieurberufen attraktive Beschäftigungschancen. Als einzige Region bundesweit bot Berlin/ Brandenburg mit einem monatsdurchschnittlichen Verhältnis von 78 offenen Stellen je 100 Arbeitslose eine eher getrübte Perspektive; in allen anderen Bundesländern übertraf die Zahl der offenen Stellen die Zahl der Arbeitslosen in den Ingenieurberufen.

Arbeitskräftenachfrage in Ingenieurberufen im 4. Quartal 2014

Ingenieurberufe:	Offene Stellen	Veränderung zum Vorjahresquartal (%)
Rohstofferzeugung und -gewinnung	1.440	10,9
Kunststoffherstellung und Chemische Industrie	1.080	-6,0
Metallverarbeitung	730	-1,2
Maschinen- und Fahrzeugtechnik	14.520	-9,6
Energie- und Elektrotechnik	12.070	-3,1
Technische Forschung und Produktionssteuerung	10.010	2,9
Bau, Vermessung und Gebäudetechnik, Architektur	17.080	10,3
Sonstige	530	-19,5
Insgesamt	57.460	-0,2

Werte gerundet, Rundungsdifferenzen möglich
Quelle: VDI-Ingenieurmonitor, Stand: Februar 2015

Viele Unternehmen rekrutieren ihr Fachpersonal inzwischen im Ausland, nicht selten in Tschechien und Polen, andere verlagern ihre Firma ins Ausland, wo genügend Fachkräfte zur Verfügung stehen. Auch gut ausgebildetes Fachpersonal ohne Studium – Kfz-Mechaniker, Elektriker, Mechatroniker u. a. –, das sich kontinuierlich weitergebildet hat, wird gern eingestellt.

Diese Gruppe verfügt über großes Spezialwissen, das an deutschen Universitäten – da sind sich viele Personalverantwortliche einig – nicht immer vermittelt wird. Zudem lässt der Jugendwahn mehr und mehr nach: Viele Unternehmen besinnen sich auf erfahrene Kräfte bis etwa 50 Jahre, die aufgrund von Rationalisierungsmaßnahmen ihre frühere Stelle verloren haben. Die Bewerberprofile zeigen, dass unter den älteren arbeitslosen Bewerbern sehr viele fachlich durchaus auf der Höhe der Zeit sind. Allerdings müssen solche Wiedereinsteiger mit Gehaltseinbußen gegenüber ihrem früheren, oft sehr hohen Gehalt rechnen. Am gefragtesten sind derzeit Ingenieure mit drei bis fünf Jahren Berufserfahrung.

Zu den besonderen Möglichkeiten des Zeit- oder Leiharbeitsmarktes siehe Seite 10 ff.

Von den 57.460 offenen Stellen entfielen die meisten – 17.780 – auf Ingenieurberufe mit dem Schwerpunkt Bau, Vermessung, Gebäudetechnik und Architektur. Der Bereich Maschinen- und Fahrzeugtechnik erreichte mit 14.520 Vakanzen die zweithöchste Nachfrage.

Arbeitslosigkeit von Ingenieuren im 4. Quartal 2014

Ingenieurberufe:	Arbeitslose	Veränderung zum Vorjahresquartal (%)
Rohstofferzeugung und -gewinnung	1.599	–4,7
Kunststoffherstellung und Chemische Industrie	578	3,9
Metallverarbeitung	283	5,9
Maschinen- und Fahrzeugtechnik	4.703	11,8
Energie- und Elektrotechnik	4.017	7,4
Technische Forschung und Produktionssteuerung	8.264	7,2
Bau, Vermessung und Gebäudetechnik, Architektur	7.660	–2,8
Sonstige	787	–7,3
Insgesamt	**27.892**	**3,7**

Quelle: VDI-Ingenieurmonitor, Stand: Februar 2015

1.1 Einsatzbereiche

Als Einsatzgebiet für Ingenieurwissenschaftler behaupten sich – mit einem Anteil von knapp 60 % nach wie vor an erster Stelle – produktionsnahe Aufgaben wie technisches Management, Konstruktion, Design, Fertigung und Qualitätskontrolle. An zweiter Position rangieren Forschung und Lehre mit zusammen 15 % Anteil.

Forschung und Entwicklung: Forscher und Entwickler beeinflussen wesentlich alle Phasen des Entwicklungsprozesses von der Ideenfindung über die Konzeption bis zur Einführung. Sie werden von Konstrukteuren begleitet oder nehmen in geringem Umfang selbst konstruktive Aufgaben wahr. Konstruktions- und Entwicklungsaufgaben sind eng verzahnt und werden daher auch in den Stellenanzeigen nicht immer voneinander getrennt.

- Beliebtheit bei Absolventen: **Platz 1**
- Aussichten bei Bewerbung: gut
- Bevorzugte Studienfächer: Maschinenbau, Mechatronik, Feinwerktechnik, Werkstoffwissenschaften, Elektrotechnik/Elektronik, Nachrichtentechnik; aber auch Fahrzeugtechnik, Chemieingenieurwesen, Mess- und Regeltechnik, Anlagentechnik, Verfahrenstechnik, Kunststofftechnik

Projektmanagement: Die Projektleistungen müssen schnell, pünktlich, mit hoher Qualität und im Rahmen des vorgegebenen Budgets realisiert werden. Ob und wie dieses Vorhaben gelingt, entscheidet die Professionalität des Projektmanagements. Es befasst sich mit organisatorischen, informationstechnischen, technischen oder kaufmännischen Problemlösungen. Neben einem soliden fachlichen Hintergrund sind hier in erster Linie Qualitäten auf Gebieten wie Planung, Koordination, Organisation, Menschenführung, Informationsmanagement und Marketing gefragt.

- Beliebtheit bei Absolventen: **Platz 2**
- Aussichten bei Bewerbung: gut
- Bevorzugte Studienfächer: Maschinen- und Anlagenbau, Elektrotechnik, Verfahrenstechnik, Wirtschaftsingenieurwesen

Planung, Beratung, Dienstleistung: Schwerpunkte liegen in Analyse, Planung und Kontrolle bei der Realisierung von Großanlagen in allen technischen und wirtschaftlichen Facetten. Mit dem Kunden werden Anlagekonzepte entwickelt und umgesetzt. Nach der Übergabe spielen auch die Inbetriebnahme und Wartung eine Rolle.

- Beliebtheit bei Absolventen: **Platz 3**
- Aussichten bei Bewerbung: gut
- Bevorzugte Studienfächer: Verfahrenstechnik, Maschinenbau, Elektrotechnik, Bau- und Chemieingenieurwesen, Biotechnologie, Pharmatechnik

Produktion: Bereitgestellte Roh-, Hilfs-, Betriebsstoffe und Maschinen werden in den Fertigungsprozessen unter Einsatz von Verfahren und Methoden in Produkte transformiert. Teilweise stehen für die Produktion mehrere Produktionslinien zur Verfügung. Neue Produkte und Produktionsprozesse müssen ständig eingeführt und betreut werden. Abschließend wird das physische Objekt für den Kunden bereitgestellt und eventuell vor Ort bei ihm montiert.

- Beliebtheit bei Absolventen: **Platz 4**
- Aussichten bei Bewerbung: viele Bewerber stehen einer moderaten Zahl offener Stellen gegenüber
- Bevorzugte Studienfächer: Maschinenbau, Produktions-/Fertigungstechnik, Elektrotechnik, Automatisierungs-, Kunststoff- und Verfahrenstechnik

Produktmanagement: Dort, wo es um die Entwicklung, Fertigung und Vermarktung von Serienprodukten geht, nimmt das Produktmanagement als Querschnittsfunktion eine große Bedeutung in den Unternehmen ein. Es verantwortet die konkrete Umsetzung der Produktstrategie und eine Reihe von Koordinationsaufgaben an der Schnittstelle zwischen Kunden, Entwicklung/Konstruktion, Fertigung, Vertrieb und Marketing.

- Beliebtheit bei Absolventen: **Platz 5**
- Aussichten bei Bewerbung: Interesse übersteigt Angebot
- Bevorzugte Studienfächer: Maschinenbau, Elektro- und Wirtschaftsingenieurwesen, oft ohne Angabe, Konkurrenz zu Betriebswirtschaftlern

Vertrieb/Marketing: Der Vertriebsspezialist als Türöffner zum Kunden muss besondere Persönlichkeitsmerkmale vorweisen. Eine positive Gesamtausstrahlung, ein selbstsicherer Auftritt und geschliffene Rhetorik reichen aber nicht aus, um die kompetenten technischen Entscheidungsträger auf Kundenseite zu überzeugen. Wer bei seinem Vertriebsjob in fachlicher Hinsicht nicht sattelfest ist, wird schnell durchschaut und kaum als adäquater Gesprächspartner oder gar Berater ernst genommen. Ein breit gefächertes technisches Fachwissen, fundierte Branchenkenntnisse sowie eine gute Portion Kreativität gehören zu den wichtigen Qualifikationen, die ein Vertriebsingenieur einfach mitbringen muss.

- Beliebtheit bei Absolventen: Mittelfeld
- Aussichten bei Bewerbung: gut
- Bevorzugte Studienfächer: Maschinenbau, Verfahrenstechnik und Elektrotechnik

Konstruktion: Die Konstruktion nimmt eine Schlüsselfunktion in den Unternehmen ein. Das Kerngeschäft besteht aus der konstruktiven Neu- und Weiterentwicklung von Produkten, Einzelkomponenten, Werkzeugen, Betriebsmitteln, Maschinen und Anlagen. Häufig steuern Konstrukteure den Musterbau und sind an der Auswahl von Werkstoffen beteiligt. Neben technischer Sichtweise sind auch Belange anderer Organisationseinheiten wie Versuch, Arbeitsvorbereitung, Produktion, Einkauf, Vertrieb etc. gebührend zu berücksichtigen, um eine hohe Wirtschaftlichkeit zu erreichen.

- Beliebtheit bei Absolventen: Mittelfeld, leicht sinkend
- Aussichten bei Bewerbung: gut
- Bevorzugte Studienfächer: vor allem Maschinenbau und Konstruktionstechnik, aber auch Feinwerktechnik, Elektrotechnik, Fahrzeugtechnik, Verfahrenstechnik, Mechatronik, Apparatebau

Wartung, Instandhaltung, Inbetriebnahme: Hier dreht sich alles um das Erzielen einer hohen Anlagenverfügbarkeit, die Erhaltung einer hohen Betriebssicherheit, die Einhaltung von Lieferterminen und natürlich auch der Budgets. Instandhaltungs- und Wartungstechniker bzw. -ingenieure arbeiten dabei meist in fachübergreifenden Teams. Weil jeder Störfall anders aussieht, muss der Techniker oder Ingenieur über umfangreiche Erfahrungen und gutes technisches Wissen verfügen, um werkstoff-, maschinen- und apparatebezogene Lösungen für Probleme zu erarbeiten.

- Beliebtheit bei Absolventen: Mittelfeld
- Aussichten bei Bewerbung: gut
- Bevorzugte Studienfächer: abhängig vom Unternehmen Elektro-, Maschinen-, Verfahrens-, Versorgungs-, Energietechnik

Qualität, Material- und Güteprüfung: In diesem Bereich geht es darum, Kundenanforderungen hinsichtlich der Produktqualität zu erfüllen, Qualitätskosten zu minimieren und Durchlaufzeiten zu verkürzen, um so zu effektiven Fertigungsprozessen zu gelangen. Dafür notwendig ist die kontinuierliche Analyse von Fertigungs- und Geschäftsprozessen sowie eingesetzter Materialien – auch bei den nicht selten weltweit verteilten Lieferanten. Schwachstellen sind zu definieren, Maßnahmen zu entwickeln, umzusetzen und zu verfolgen.

- Beliebtheit bei Absolventen: Mittelfeld
- Aussichten bei Bewerbung: Anstrengung erforderlich
- Bevorzugte Studienfächer: Maschinenbau, Elektrotechnik, Feinwerktechnik, Werkstofftechnik, Kunststofftechnik und Verfahrenstechnik, Wirtschaftsingenieurwesen

Logistik: Die Logistik im Sinne des Supply Chain Managements verantwortet den gesamten Materialfluss im Unternehmen, vom Auftragseingang über die Beschaffung und die Produktbereitstellung bis hin zum Versand. Teilweise kommt die Betreuung externer Materialflüsse von den Lieferanten bzw. zu den Kunden hinzu. Die Logistik bildet das Bindeglied zwischen Lieferanten, Einkauf, Produktion, Versand und Kunden.

- Beliebtheit bei Absolventen: gering, fallend
- Aussichten bei Bewerbung: Anstrengung erforderlich
- Bevorzugte Studienfächer: Logistik, Maschinenbau, Wirtschaftsingenieurwesen und Produktionstechnik

> **TIPP** Weitere Profile unter: www.ingenieurkarriere.de/bewerberservice/beratung/berufsprofile/start.asp

1.2 Gefragte Abschlüsse

Drei Studienrichtungen innerhalb der Ingenieurwissenschaften haben sich seit Jahren als diejenigen etabliert, die von Industrie- und Dienstleistungsunternehmen am meisten nachgefragt werden: Maschinenbau, Elektrotechnik und Bauwesen.

Beispiel Maschinenbau: Längst gibt es nicht mehr allein den Studiengang Maschinenbau. Durch die vielen unterschiedlichen Beschäftigungsmöglichkeiten werden auch die Studienrichtungen innerhalb des Maschinenbaus mehr und mehr aufgefächert. Es gibt zahlreiche Fachrichtungen. Hier einige Beispiele:

Fachrichtungen im Maschinenbau

- Allgemeiner Maschinenbau
- Automatisierungstechnik
- Aircraft und Flight Engineering
- Automobilentwicklung
- Automotive Production
- Biomedizinische Technik
- Chemieingenieurwesen
- Computional Engineering
- Elektrotechnik im Maschinenwesen
- Engineering and Management
- Erneuerbare Energien
- Fahrzeugwesen/-technik
- Feinwerktechnik
- Food Processing
- Holztechnik
- Industrial Engineering
- Konstruktionstechnik/Entwicklung
- Kraftwerkstechnik
- Kraft- und Arbeitsmaschinen
- Kunststoff- und Textiltechnik
- Land- und Baumaschinentechnik
- Luft- und Raumfahrttechnik
- Mechanical Engineering
- Mechanik im Maschinenbau
- Mechatronik
- Nanotechnologie
- Produktionstechnik
- Regenerative Energiesysteme
- Schiffbau
- Systems Engineering
- Technologiemanagement
- Textilmaschinenbau
- Theoretischer Maschinenbau
- Umwelttechnik
- Verfahrenstechnik
- Versorgungs- und Entsorgungstechnik
- Wärmetechnik
- Werkstofftechnik
- Windenergie
- Wirtschaftsingenieurwesen (Maschinenbau)

Nach Auffassung vieler Personalleiter sind Ingenieure mit passender Zusatzqualifikation am besten geeignet: Sie können Kundenfragen aufgrund ihrer technischen Ausbildung sehr gut beantworten, besser als etwa Wirtschaftswissenschaftler. Daneben haben junge Maschinenbauingenieure auch gute Möglichkeiten in der Beratung sowie in der Schulung von Mitarbeitern und Kunden im Umgang mit der gelieferten Technik. Dafür werden neben betriebswirtschaftlichen und IT-Kenntnissen auch sozial-kommunikative Fähigkeiten erwartet.

Dass die Chancen im Maschinenbau gut sind, hat sich offenbar auch unter den Studenten herumgesprochen: 2014 begannen 40.890 Studierende ein Studium im Bereich Maschinenbau/Verfahrenstechnik, und damit nur etwa 2 % weniger als im Vorjahr. Unter den Ingenieurwissenschaften nimmt der Maschinenbau damit vor der Informatik, der Elektrotechnik und dem Bauingenieurwesen Platz 1 ein.

> **TIPP** Neben sehr gutem Fachwissen sind Sprachkenntnisse, betriebswirtschaftliche Grundlagen, Kenntnisse im Projektmanagement sowie in Vertrieb und Marketing für eine Ingenieurkarriere unabdingbar.

Beispiel Elektrotechnik: Sie bestimmt das Tempo des technischen Fortschritts maßgeblich. In Deutschland hängen rund die Hälfte der Industrieproduktion und rund 80 % der Exporte direkt oder indirekt von Innovationen auf dem Gebiet der Elektrotechnik / Elektronik ab.

Elektroingenieure rangieren auf Platz 2 (ohne Informatik), was die Beliebtheit betrifft. 2014 gab es einen Zuwachs an Studienanfängern um 2,3 %. Insgesamt starteten 2014 17.700 junge Leute – vorrangig Männer – ein Elektrotechnikstudium, 4,6 % weniger als 2013. Das wird sich allerdings erst in einigen Jahren auf den Arbeitsmarkt auswirken.

Elektroingenieuren stehen neben der Elektrobranche viele andere Wirtschaftszweige offen, zum Beispiel Logistikunternehmen, Softwarefirmen, Banken, Versicherungen, Unternehmensberatungen und viele mehr. Gefragt sind hier Prozessorientierung sowie fachlich fundierte Kenntnisse, die mit Methoden- und Sozialkompetenz verbunden sind. Insgesamt gehören die starren Hierarchien und streng arbeitsteiligen Prozesse innerhalb von Unternehmen der Vergangenheit an. Ingenieure tragen somit Verantwortung für die Unternehmensstrategie als Ganzes – von der Innovationsplanung bis hin zum Vertrieb.

Beispiel Bauwirtschaft: Auch im Bereich der Bauwirtschaft werden die Aufgaben von Ingenieuren immer vielfältiger. Sie sind mit der Planung, Konstruktion und Berechnung von Bauwerken ebenso betraut wie mit der Überwachung von Bauvorhaben. 2014 wurde die Konjunktur vor allem vom Wohnungsbau gestützt, während der Wirtschaftsbau und der öffentliche Bau unverändert nur eine befriedigende Situation zeigen. Im Ausland verdienen die deutschen Baufirmen ebenfalls gut, vor allem in Ost- und Mitteleuropa, aber auch in den USA und Südostasien. Baufirmen entwickeln sich immer mehr zu Dienstleistern und Generalunternehmern. Große Chancen bietet das **Facility Management**, das Häuser nicht nur entwirft und baut, sondern sie auch ein ganzes Häuserleben lang betreut und vermarktet. Solide Kenntnisse der Gebäudetechnik sind hierbei ebenso wichtig wie betriebswirtschaftliche und IT-Kenntnisse. 2014 starteten 3,6 % mehr Studierende im Bauwesen als im Vorjahr, insgesamt 12.320.

Bauingenieure sind vorrangig tätig

- in Bauunternehmen
- in Ingenieurbüros
- in der Baustoffindustrie
- im öffentlichen Dienst sowie
- in den Bau- und Immobilienabteilungen anderer Unternehmen

> **!**
> **ACHTUNG** Da in der Baubranche fast ausschließlich in Projektteams gearbeitet wird, setzen Unternehmen neben fachlichem Know-how auch gute Kommunikations- und Kooperationsfähigkeiten sowie Teamfähigkeit und Präsentationstechniken voraus.

Beispiel Medizintechnik: Hier gibt es eine zunehmende Zahl von spezialisierten Studiengängen wie Medizintechnik, Biomedizintechnik und Pharmatechnik. Neben 81 grundständischen Studiengängen zum Bachelor gibt es auch 53 weiterführende Master-Studiengänge, die jeder Diplom- und Bachelor-Absolvent mit passendem Abschluss auf seinen ersten Studiengang draufsatteln kann:

Master-Studiengänge Medizintechnik (Auswahl)

Hochschule	Studiengang	Internet
Universität Hannover	Biomedizintechnik	www.uni-hannover.de
FH Aachen	Biomedical Engineering	www.fh-aachen.de
Uni Magdeburg	Medical Systems Engineering	www.orga.de
Hochschule Ulm	Medizintechnik	www.hs-ulm.de
HAW Hamburg	Medizintechnik/ Biomedical Engineering	www.haw-hamburg.de
Westfälische Hochschule	Mikrotechnik und Medizintechnik	www.w-hs.de

Quelle: Hochschulkompass.de, März 2015

Im internationalen Vergleich nimmt Deutschland auf dem Gebiet der Medizintechnik den dritten Rang hinter den USA und Japan ein. Insgesamt beschäftigt die Branche laut Bundesverband Medizintechnologie (BVMed) rund 190.000 Mitarbeiter in etwa 1.200 großen und über 10.000 kleinen Unternehmen. Zudem sichert jeder Arbeitsplatz 0,75 Arbeitsplätze in anderen Branchen. Die Mitarbeiter setzen rund 22,2 Mrd. Euro um, davon rund zwei Drittel im Ausland. Überdurchschnittlich hohe Ausgaben für Forschung und Entwicklung von 9 % vom Gesamtumsatz zeigen die Innovationskraft der Branche.

Wer in die Branche einsteigen will, muss bereit sein, sich sehr schnell und intensiv in das spezielle Arbeitsgebiet des eigenen Unternehmens einzuarbeiten. Günstig für Interessenten ist nach Ansicht von BVMed ein möglichst breit angelegtes Studium ohne allzu frühzeitige Spezialisierung. Medizinisches, betriebswirtschaftliches und natürlich technisches Interesse sowie solide Fremdsprachenkenntnisse sind von Vorteil. Kreativität wird vielfach verlangt, da die Branche auf neue Ideen angewiesen ist, sowie die Bereitschaft, im Team zu arbeiten und ständig zu lernen.

Typische Tätigkeiten für Ingenieure der Medizintechnik sind:

- Marketing, Produktmanagement und Vertrieb
- Entwicklung und Service
- Applikation von Medizinprodukten
- Gerätemanagement und Instandhaltungsplanung
- Aufgaben als Medizinprodukteberater und Sicherheitsbeauftragter
- Qualitätssicherung und Schulung
- Krankenhausplanung und -einrichtung
- Klinische Forschung

Beispiel Vertrieb: Auch Unternehmen aus Industriebranchen wie Maschinenbau, Elektrotechnik und IT leben nicht nur und nicht in erster Linie davon, dass sie neue Produkte entwickeln und herstellen, sondern vom Verkauf. Daher sind in technischen Branchen Vertriebsfachleute mit fundiertem technischen Wissen nötig, die mit Kunden auf Augenhöhe verhandeln, aber gleichzeitig die betriebswirtschaftliche Komponente im Blick behalten können. Aufgrund seiner Kunden- und Marktnähe kann der Vertriebsingenieur zugleich wichtige Rückmeldungen an das Unternehmen darüber geben, welche Wünsche seine Kunden haben, welche Trends es auf dem Markt gibt und welche Entwicklungen demzufolge zukunftsfähig sind. Wer in diesen Bereich einsteigen will, ist mit einem Studium des Wirtschaftsingenieurwesens gut beraten, das genau an der geforderten Schnittstelle zwischen Technik und Wirtschaft ansetzt.

Auslandserfahrung und uneingeschränkte Mobilität sind weitere wichtige Voraussetzungen für diese Berufssparte. Vertriebstätigkeiten sind nicht selten auch Sprungbrett für eine internationale Karriere.

> **TIPP** Wer auf der Grundlage seines Ingenieurstudiums im Vertrieb tätig werden will, sollte sich parallel dazu Grundlagen in BWL, Vertrieb, Marketing sowie technikrelevante Fremdsprachenkenntnisse und Kommunikations- sowie Präsentationstechniken aneignen.

Absolventen der meisten Ingenieur-Studienrichtungen können davon ausgehen, dass sie nach dem Studium relativ schnell einen Job finden, vor allem in guten, aber auch in schlechten Konjunkturphasen.

> **ACHTUNG** Trotz des nach wie vor herrschenden Ingenieurmangels sollten Absolventen und Einsteiger nicht davon ausgehen, dass die Qualifikationsanforderungen der Unternehmen an die Bewerber sinken.

Der Wettbewerb zwingt die Unternehmen, nach den bestausgebildeten Bewerbern zu suchen. Sowohl die Ausweitung der Aufgabenbereiche von Ingenieuren als auch die zunehmende Verschmelzung mit anderen Fachgebieten sowie die hohen Anforderungen an Forschung und Entwicklung machen auch künftig eine hochwertige Ausbildung zur Voraussetzung für einen reibungslosen Berufseinstieg.

1.3 Karrierestart per Zeitarbeit

Zeitarbeit ist längst keine Verlegenheitslösung für arbeitslose Arbeitnehmer mehr. Für die Unternehmen, die sich Arbeitnehmer „ausleihen", hat diese Form der Einstellung gegenüber festen Mitarbeitern zahlreiche Vorteile, vor allem, was die Kosten betrifft. Da der Trend generell hin zu mehr Projektarbeit geht, bei der sich kleine Teams über einen bestimmten Zeitraum intensiv mit einem abgegrenzten Problem befassen, sind Zeitarbeiter ideal: Nach Abschluss des Projekts bleiben die Unternehmen nicht auf fest angestellten

Mitarbeitern „sitzen", die sie eigentlich nicht mehr benötigen. Auch vor dem Hintergrund wechselnder Auftragslagen ist die Möglichkeit attraktiv, sich kurzfristig Fachpersonal ausleihen zu können. Entsprechend ist die Zeitarbeitsbranche auf dem Vormarsch, wenngleich Deutschland im internationalen Vergleich noch Nachholbedarf hat. Im Schnitt machen Zeitarbeiter im europäischen Ausland bereits etwa 5 % der sozialversicherungspflichtig Beschäftigten aus – hierzulande sind es nur 3 %. Das sind gut 850.000 Menschen, 30 % davon Frauen und 64 % vorher arbeitslos. Es gibt rund 18.000 Verleihbetriebe.

Allerdings halten Imageprobleme der Branche noch immer viele Menschen davon ab, es über Zeitarbeit zu versuchen. Dabei sorgt ein Arbeitnehmerüberlassungsgesetz seit 2004 für weitgehende Rechtssicherheit bei Mindestentlohnung, Urlaubsanspruch und weiteren sozialen Leistungen. Natürlich wird versucht, alles auf niedrigstem Niveau zu halten – aber ein Mindeststandard ist gesichert. Seit 1.1.2015 liegt der niedrigste Tariflohn bei 8,80 Euro (West) bzw. 8,20 Euro (Ost). Ab 1. Juni 2016 steigt dieser Beitrag auf 9 Euro bzw. 8,50 Euro. Außerdem hat Zeitarbeit für Arbeitnehmer einen weiteren, nicht zu unterschätzenden Vorteil: Wechselnde Projekte in unterschiedlichen Bereichen bedeuten auch viel Wissenszuwachs, Kenntnisse und Erfahrungen in verschiedenen Branchen und Unternehmenstypen und nachgewiesene Kompetenzen wie Anpassungsfähigkeit und Teamgeist.

> **TIPP** Ein Ingenieur, der seine Fähigkeiten über fünf Jahre innerhalb eines Zeitarbeitsunternehmens kontinuierlich weiterentwickelt, kann viel mehr Flexibilität nachweisen als der fest angestellte Kollege.

Der Zeitarbeitsmarkt wird für Akademiker immer interessanter. Doch lange Jahre stand Zeitarbeit in dem Ruf, im Wesentlichen billige, ungelernte Aushilfen oder ältere, eher chancenlose Mitarbeiter zu vermitteln. Heute ist es dagegen häufig ein Plus, wenn Bewerber einen zeitweiligen Zeitarbeitshintergrund nachweisen können. Der Begriff „Zeitarbeit" ist übrigens irreführend, da er suggeriert, dass die Betreffenden nur auf Zeit angestellt sind. Das ist unzutreffend: Der Arbeitnehmer schließt mit seiner Zeitarbeitsfirma einen festen Arbeitsvertrag. Diese überlässt ihn für einige Monate oder Jahre einer anderen Firma, weshalb die Branche selbst von „Arbeitnehmerüberlassung" spricht. Im Durchschnitt liegen die Einsätze zwischen sechs Monaten und drei Jahren. Der Anteil der Fachkräfte (40 %), Spezialisten (4 %) und Experten (3 %) an allen Zeitarbeitern ist hoch, liegt aber weiter unter dem Niveau bei „normalen" Arbeitsverhältnissen.

> **TIPP** Gerade für Absolventen, die in harter Konkurrenz zu Kollegen mit Berufserfahrung stehen, ist Zeit- oder Leiharbeit eine echte Alternative, über die es sich nachzudenken lohnt.

Nachfrage nach Ingenieuren besteht in allen technischen Branchen, sie fällt regional allerdings unterschiedlich aus. So wird in Baden-Württemberg eher nach Ingenieuren für die Automobilbranche gesucht, in Norddeutschland geht die Nachfrage hauptsächlich von der Luftfahrtindustrie aus.

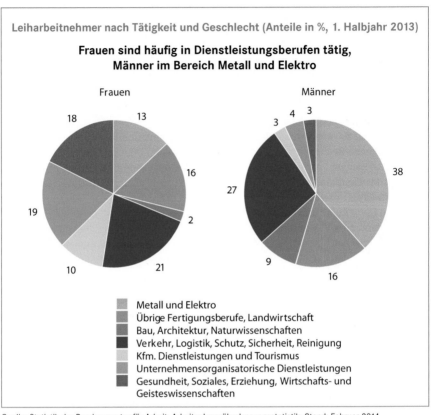

Leiharbeitnehmer nach Tätigkeit und Geschlecht (Anteile in %, 1. Halbjahr 2013)

Frauen sind häufig in Dienstleistungsberufen tätig, Männer im Bereich Metall und Elektro

Frauen

Männer

Legende:
- Metall und Elektro
- Übrige Fertigungsberufe, Landwirtschaft
- Bau, Architektur, Naturwissenschaften
- Verkehr, Logistik, Schutz, Sicherheit, Reinigung
- Kfm. Dienstleistungen und Tourismus
- Unternehmensorganisatorische Dienstleistungen
- Gesundheit, Soziales, Erziehung, Wirtschafts- und Geisteswissenschaften

Quelle: Statistik der Bundesagentur für Arbeit, Arbeitnehmerüberlassungsstatistik; Stand: Februar 2014

Die 15 größten Zeitarbeitsfirmen in Deutschland

Unternehmen	Umsatz 2013 (Mio. Euro)	Anzahl Zeitarbeitnehmer
Randstad Deutschland, Eschborn	1.880	60.000
Adecco, Düsseldorf	1.570	40.100
Persona Service, Lüdenscheid	662	18.150
Manpower, Eschborn	575	19.000
Auto Vision, Wolfsburg	550	13.000
I.K. Hofmann, Nürnberg	481	14.800
S Group, Jena	281	6.980
ZAG, Hannover	265	10.500
Orizon AG, Augsburg	261	7.500

Unternehmen	Umsatz 2013 (Mio. Euro)	Anzahl Zeitarbeit-nehmer
Dekra Arbeit, Stuttgart	255	7.300
USG People Germany, München	223	7.300
TimePartner, Hamburg	205	6.400
Piening AG, Bielefeld	200	6.400
Tempton, Essen	188	5.600
Trenkwalder, München	155	5.000

Quelle: Lünendonk GmbH Bad Wörishofen, Juni 2014

Die Kunden der Zeitarbeitsfirmen sind oft namhafte und renommierte Unternehmen, sodass Absolventen hier besten Gewissens einsteigen können. Allerdings sind die Anforderungen genauso hoch wie an fest angestelltes Personal. Da die Entwicklungszyklen immer kürzer werden und in immer kürzeren Zeiträumen neue Techniken eingeführt werden müssen, muss der Kandidat über aktuelles, abrufbereites Wissen verfügen. Lange Zeiten der Arbeitslosigkeit sind daher auch hier ein großes Einstellungshemmnis. Am begehrtesten sind wie auch auf dem „normalen" Arbeitsmarkt Ingenieure mit fünf Jahren Berufserfahrung.

Spezialisierte Zeitarbeitsfirmen wie Aviation Power, ein Joint Venture von Manpower und Lufthansa, haben sich ganz auf bestimmte Branchen – wie hier der Flughafenbetrieb – oder Berufsgruppen spezialisiert. Aktuell gab es im März 2015 allein für technisches Personal 46 Stellenanzeigen – vom Projektmanager über Fluggerätmechaniker bis zum Sales Manager im Bereich Luftfahrt-Elektronik.

1.4 Karrierechancen im Ausland

Immer mehr Unternehmen produzieren und vermarkten ihre Produkte weltweit. Um im Ausland erfolgreich zu sein, brauchen diese Unternehmen Mitarbeiter, die bereit und in der Lage sind, zumindest vorübergehend ins Ausland zu gehen und dort mit Menschen aus anderen Kulturen zusammenzuarbeiten.

Schon während des Studiums sind Auslandspraktika empfehlenswert. Sprachkurse können beispielsweise über den Deutschen Akademischen Austauschdienst (DAAD) absolviert werden. Der DAAD, aber auch öffentliche und private Förderorganisationen wie InWent (bzw. GIZ) und Leonardo stellen für Auslandspraktika Stipendien zur Verfügung.

⚊ Web-Links

Weitere interessante Ansprechpartner:

- www.iaeste.de: Eines der weltweit größten Austauschprogramme für Praktika von Ingenieuren und Naturwissenschaftlern; in mehr als 80 Ländern.

- www.ahk.de: Die Außenhandelskammern Deutschlands in den Zielländern bieten einen übersichtlichen Service und alle relevanten Informationen.

▪ www.vdi.de: Der VDI bietet eine umfangreiche Liste mit Anschriften und weiterführender Literatur (Link zu „Karriere").

Seit Dezember 2012 können Ingenieure mit dem Berufsausweis „engineer-ING card" in elf europäischen Ländern ihre Qualifikation unkompliziert nachweisen. Im Bewerbungsverfahren gibt es deutliche Vorteile. Neben Deutschland haben die Niederlande, Portugal, Irland, Tschechien, Slowenien, Polen, Kroatien und Luxemburg die Karte eingeführt (www. engineering-card.de).

Ein Sprungbrett ins Ausland sind die zahlreichen Trainee-Programme speziell der großen Unternehmen, da sie häufig Auslandsaufenthalte vorsehen. Auch die Karriere in einem international operierenden ausländischen Unternehmen – optimal mit geschäftlichen Kontakten nach Deutschland – kann die eigene Karriere entscheidend voranbringen.

Neben interkultureller Kompetenz und Sprachvorteilen, die ein solcher Arbeitseinsatz im Ausland mit sich bringt, eröffnen sich dadurch unter Umständen vollkommen neue berufliche Perspektiven. Grund: Unternehmen gerade aus dem angelsächsischen Raum rekrutieren ihren Nachwuchs oft aus disziplinübergreifenden Studienrichtungen. So kann ein Maschinenbauingenieur durchaus über ein IT-Trainee-Programm Karriere machen. Wichtig ist – wenn gewünscht –, den richten Zeitpunkt für die Rückkehr zu planen.

> **!**
> **ACHTUNG** Wer zu lange auf einer Position in einem mittelständischen ausländischen Unternehmen ausharrt, ist auf dem deutschen Arbeitsmarkt unter Umständen nur noch schwer vermittelbar.

In einem international renommierten Unternehmen kann der Auslandsaufenthalt – zumal wenn man sich dabei in Führungspositionen hineinentwickelt hat – zur ausgesprochenen Empfehlung werden. Auch ein Aufenthalt von lediglich ein bis zwei Jahren ist in jedem Fall eine positive Bereicherung für jeden Lebenslauf. Was die Fremdsprachenkenntnisse betrifft, müssen sie brauchbar, jedoch nicht vollkommen sein. Wer zur Kommunikation in der jeweiligen Landessprache gezwungen ist, wird überrascht sein, wie schnell sich die Kenntnisse vervollkommnen. Am unbürokratischsten und einfachsten ist eine Auslandtätigkeit in einem EU-Land, da es hier kaum noch Formalitäten zu erledigen gibt. Wer den EU-Raum verlässt, sollte sich frühzeitig beim Auswärtigen Amt oder der Botschaft des jeweiligen Landes in Deutschland nach dem Prozedere erkundigen.

1.5 Interview: Karrierecoach Robert Baric

„Eigene Erfolgsgeschichten genauer unter die Lupe nehmen"

 Um die eigenen beruflichen Stärken zu finden, sollten Absolventen und Berufseinsteiger zunächst persönliche Erfolgsgeschichten genauer beleuchten. Zudem können Sinnkrisen produktiv genutzt werden, um passende Berufsideen zu finden, so Robert Baric, Karrierecoach und Inhaber von WIRKSTIL – Berufsorientierung & Karriereberatung, im Interview.

Die letzte Prüfung steht an und der Abschluss ist so gut wie in der Tasche: Was sollte für Studienabgänger der erste Schritt im Hinblick auf den ersten Job sein?

Je nachdem wie klar das eigene berufliche Ziel vor Augen steht, ist es wichtig, dass eine handhabbare Vorstellung des eigenen Portfolios und eigener beruflicher Visionen und Ziele vorliegt. Daher sollte jeder zunächst herausfinden, welche Talente, Fähigkeiten, Erfahrungen, thematische Neigungen und berufliche Ambitionen das eigene Profil charakterisieren. Die Schärfung des eigenen Portfolios hat mehrere Vorteile. Erstens dient es der weiteren beruflichen Selbst- und Perspektivklärung, zweitens liefert es die Essenz für eine prägnante Bewerberpräsentation. Zudem kann besser abgewogen werden, welche Jobfunktion passend ist und welcher Organisationskontext für den Karriereeinstieg gewählt werden sollte. Daneben sollte jeder prüfen, ob für das eigene Berufsziel noch Zusatzqualifikationen nötig, welche Netzwerke oder Kontakte beim Jobeinstieg hilfreich und welche Bewerbungs- und Einstiegsstrategien zielführend sein könnten.

Wie finde ich meine Talente und Stärken?

Eine gute Herangehensweise ist es, eigene Erfolgsgeschichten genauer unter die Lupe zu nehmen. In ihnen liegen reichhaltige Hinweise auf eigene Stärken und Talente. Auch ist es hilfreich, die eigenen Interessen und Werte in die Suche einzubeziehen. Für gewöhnlich sind diejenigen Fähigkeiten gut ausgeprägt, deren Anwendungen einem leicht fallen und Freude bereiten. Zudem gibt es zahlreiche standardisierte Tests zur Kompetenzfeststellung.

Wie optimiere ich daraufhin meine Bewerbungsunterlagen?

Obligatorisch sind Anschreiben, Lebenslauf und verschiedene Zeugnisse, die zu einer analogen oder digitalen Bewerbungsmappe vereint werden. Die Mappe dient zur glasklaren Kommunikation des eigenen Profils und der Stelleneignung. In der Regel verschaffen sich Personaler durch den Lebenslauf einen ersten Eindruck vom Bewerber. Der Anfertigung des Lebenslaufs sollte daher eine große Aufmerksamkeit geschenkt werden. Auch gibt es für Lebensläufe verschiedene Gestaltungskriterien (achronologisch, kompetenzorientiert, kreativ, konventionell etc.). Das individuelle Anschreiben dient der verdichteten und interpretierenden Darstellung der fachlichen Kompetenzen, Erfahrungen, Motivation, Stärken, Erfolge und der Soft Skills. Es sollte zudem auf das Stellenprofil abgestimmt werden.

„Ich weiß nicht, was ich werden will!" – Was tue ich in einer Sinnkrise?

Wer auf der Suche nach passenden Berufsideen ist, begibt sich in einen ergebnisoffenen Frage-, Erkundungs- und Findungsprozess. Grundsätzlich ist dies als eine sehr gute Ausgangsposition anzusehen, die manch einer bereits zur Verwirklichung seines Traumberufes genutzt hat. Um sich eine tragfähige Antwort auf die Richtungsfrage zu geben, ist es zunächst wichtig, eine Bestandsaufnahme seiner Lieblingsfähigkeiten und -themen, Interessen, Werte, erworbenen Kompetenzen, bisherigen Erfahrungen und bevorzugten Arbeitsbedingungen vorzunehmen. Die Fassung des eigenen Portfolios und vor allem auch des eigenen persönlichen Wesens bildet die unverzichtbare Grundlage für eine aktive und sinnvolle berufliche Orientierung und Perspektivfindung. So können sich neue und attraktive Berufs- und Karrierechancen eröffnen.

Was tue ich, wenn ich feststelle, dass der erste Job doch nichts für mich ist?

Zunächst ist eine umfassende und präzise Problemdiagnose angeraten. Es muss nicht gleich ein grundsätzlicher Berufsirrtum vorliegen. Bis es im Joballtag rund läuft, müssen gerade in der Phase des Karriereeinstiegs die professionellen Rollen- und Kontextkompetenzen weiter justiert werden. Schließlich ticken Personen und Unternehmen unterschiedlich und alle müssen sich aufeinander einstellen. Zeigt sich in der Problemdiagnose, dass der erste Job faktisch eine Fehlentscheidung war, sollte eine strategische deeskalierende Ausstiegslösung gesucht werden. Bevor die eigene Reputation leidet, empfiehlt es sich vor dem nächsten Jobantritt, verstärkt auf die Frage der Passung von Person, Jobfunktion, Themenfeld und Unternehmenskultur zu achten.

www.wirkstil.de

2

TOP-ARBEITGEBER – WER SIND
DIE BESTEN?

2.1 Trendence Graduate Barometer Deutschland

Zwischen September 2014 und Februar 2015 führte das Beratungsunternehmen Trendence erneut seine Studie *Trendence Graduate Barometer Germany* durch. Rund 40.000 examensnahe Studierende der Fächergruppen Wirtschaft und Ingenieurwesen haben die Fragen nach ihren Erwartungen und Wünschen zum Thema Berufsstart beantwortet. Die Studie untersucht die Berufs-, Karriere- und Lebensvorstellungen der künftigen Fach- und Führungskräfte und kann als bisher größte und umfassendste Studie dieser Art für sich in Anspruch nehmen, „für viele Unternehmen ein unverzichtbares Instrument der Erfolgskontrolle und des Benchmarks im Personalmarketing" zu sein. Die folgende Rangliste nennt die Platzierungen 1 bis 20 der beliebtesten Arbeitgeber bei den Ingenieurwissenschaftlern. Auf den ersten Plätzen liegen Audi, BMW, Porsche, Daimler und Volkswagen.

Platzierung 2015		Unternehmen
Rang	%	
1	18,6	Audi
2	17,4	BMW Group
3	14,7	Porsche
4	11,4	Daimler
5	10,8	Volkswagen
6	10,5	Siemens
7	10,0	Bosch
8	5,3	Lufthansa Technik AG
9	5,0	Airbus
10	4,9	Frauenhofer-Gesellschaft
11	4,0	Google
12	3,9	BASF

Platzierung 2015		Unternehmen
Rang	%	
13	3,8	DLR
14	3,4	ZF Friedrichshafen AG
15	3,3	Deutsche Bahn
16	3,2	Continental
17	3,1	HOCHTIEF
18	2,7	Bayer
19	2,4	Festo
19	2,4	Züblin

Quelle: trendence-Institut für Personalmarketing, *trendence Graduate Barometer – Deutsche Engineering Edition*, www. trendence.com

2.2 Great Place to Work

Deutschlands beste Arbeitgeber 2014

Jedes Jahr zeichnet das Institut Great Place to Work® Deutschland auf Basis von Benchmarkuntersuchungen Unternehmen aus. Beim bundesweiten, seit 2003 durchgeführten Wettbewerb „Deutschlands Beste Arbeitgeber" wurden 2015 insgesamt 100 Unternehmen aller Branchen, Regionen und Größen für Leistungen in der „Entwicklung vertrauensvoller Arbeitsbeziehungen und der Gestaltung attraktiver Arbeitsbedingungen" gewürdigt. Bundesweit stellten sich über 600 Unternehmen der unabhängigen Prüfung von Qualität und Attraktivität ihrer Arbeitsplatzkultur.

Mehr als 100.000 Beschäftigte nahmen an den Befragungen zu Themen teil wie: Führung, Zusammenarbeit, Anerkennung, Bezahlung, berufliche Entwicklung und Gesundheit. Darüber hinaus analysierte das Institut die unternehmensspezifischen Maßnahmen der Personal- und Führungsarbeit. Partner des Wettbewerbs sind die Universität zu Köln, das Handelsblatt, das Personalmagazin sowie Das Demographie Netzwerk (ddn). Unterstützt wird der Wettbewerb von der Jobbörse StepStone. Die komplette 100-Beste-Liste unter: www.greatplacetowork.de.

Unternehmen	Branche	Mitarbeiter	Ort
Top 3 der Unternehmen 50 bis 500 Mitarbeiter			
1 sepago GmbH	IT/Beratung	58	Köln
2 Netpioneer GmbH	Informationstechnologie & Dienste	90	Karlsruhe
3 St. Gereon Senioren-dienste gGmbH	Altenpflege	421	Hückelhoven
Top 3 der Unternehmen 501 bis 2.000 Mitarbeiter			
1 NetApp Deutschland GmbH	Datenspeicherung & Datenmanagement	680	Kirchheim
2 W. L. Gore & Associates GmbH	Industrie/Technologie	1.608	Putzbrunn
3 Vektor Informatik GmbH	Software/Automobil	1.033	Stuttgart
Top 3 der Unternehmen 2.001 bis 5.000 Mitarbeiter			
1 Microsoft Deutschland GmbH	Software	2.666	Unterschleißheim
2 SICK AG	Sensortechnik	3.096	Waldkirch
3 IngDiba AG	Banken	3.400	Frankfurt a. M.
Top 3 der Unternehmen über 5.000 Mitarbeiter			
1 Dow Deutschland	Chemie	5.311	Schwalbach
2 nicht vergeben			
3 nicht vergeben			

Quelle: Great Place to Work Deutschland, 2015

Die 100 besten Arbeitgeber in Europa 2015

Im Jahr 2003 zeichnete das Institut Great Place to Work außerdem erstmals die „100 Besten Arbeitgeber Europas" aus. Damit liegt 2015 zum 13. Mal das Ergebnis des Wettbewerbs „Europas Beste Arbeitgeber" vor. Ein erstes Ergebnis, so das Institut, lautet: „Die besten Arbeitgeber in Europa machen alles Wichtige richtig – so haben sie z. B. eine ehrliche, faire Geschäftsführung und die richtige Ausrüstung für den Job." Laut Institutsbericht „The Basics and Beyond" zeigt sich, dass das „Vertrauen in die europäischen Arbeitgeber in den letzten fünf Jahren gewachsen ist. Damit verbreitet sich auch zunehmend eine mitarbeiterorientierte Arbeitsplatzkultur in Europa."

Wie wird nun ein Unternehmen zu einem „European Player"? Um sich für den Wettbewerb zu qualifizieren, muss sich ein Unternehmen zuerst auf eine der landesweiten Bestenlisten platzieren. Das gelang 2014/2015 mehr als 820 Unternehmen in 19 nationalen Listen. Diese Unternehmen wurden für den europaweiten Wettbewerb u. a. in die Größenklassen „Beste Große Arbeitgeber" (Größenklasse mit mehr als 500 Mitarbeiter) und „Beste Kleine und Mittlere Arbeitgeber" (Größenklasse mit 50 bis 500 Mitarbeiter) unterteilt.

Die besten Arbeitgeber – Top Ten der KMU in Europa (50 bis 500 Mitarbeiter)

	Unternehmen	Branche	EU-Land	Homepage
1	Cygni	IT/Consulting	Schweden	www.cygni.se
2	Key Solutions	Professional Services Telephonie Support/ Call centers	Schweden	www.keysolutions. se
3	Vincit	IT/Software	Finnland	www.vincit.fi
4	Conscia	IT/Consulting	Dänemark	www.conscia.dk
5	&samhoud con-sultancy	Professional Services/ Management Consulting	Niederlande	www.consultancy. samhoud.com
6	Tenant & Partner	Bau- und Immobilienwesen	Schweden	www.tenantand-partner.com
7	Centiro Solutions	IT/Software	Schweden	www.centiro.se
8	Frontit	IT/Consulting	Schweden	www.frontit.de
9	Center for Socialpsykiatri Lolland	Soziale Dienste/Staatliche Behörden	Dänemark	
10	Herning Kommu-nale Tandpleje	Soziale Dienste/Staatliche Behörden	Dänemark	www.tandplejen. herning.dk

Quelle: Great Place to Work Institute, 2015

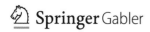

Die besten Arbeitgeber – Top Ten der Großunternehmen in Europa (ab 500 Mitarbeiter)

	Unternehmen	Branche	EU-Land	Homepage
1	Davidson	Engineering/Consulting	Frankreich	www.davidson.eu
2	Torfs	Einzelhandel	Belgien	www.torfs.be
3	Accent	Personal & Personalbeschaffung	Belgien	www.accent.jobs
4	Capital One (Europe) plc	Finanzdienstleistungen & Versicherung	UK	www.capitalone.co.uk
5	3	Telekommunikation	Schweden	www.tre.se
6	Beierholm	Finanzdienstleistungen, Versicherungen/Buchhaltung	Dänemark	www.beierholm.dk
7	ROFF	IT/Consulting	Portugal	www.roffconsulting.com
8	Softcat Limited	IT/Consulting	UK	www.softcat.com
9	EnergiMidt	Energieversorgung	Dänemark	www.energimidt.dk
10	Vector Informatik GmbH	IT/Software	Deutschland	www.vector.com

Quelle: Great Place to Work Institute, 2015

3

ARBEITSMARKT NACH BRANCHEN

Ingenieure finden in fast allen Branchen und Wirtschaftszweigen interessante Tätigkeits-felder. Naturgemäß ist vor allem die Industrie wichtigster Arbeitgeber. Aber auch Öffent-licher Dienst, Verbände und Vereine, Beratungsfirmen, Ingenieur- und Architekturbüros, das Bildungswesen sowie Finanzdienstleister bieten attraktive Arbeitsbereiche.

Wo Ingenieure arbeiten

Branche	Anteil in %
Bergbau und verarbeitendes Gewerbe	42
Facility Management/ Dienstleistungen für Unternehmen	26
Baugewerbe	11
Öffentliche Verwaltung	6
Öffentliche und private Dienstleistungen	3
Verkehr und Nachrichten-Übermittlung	5
Handel und Gastgewerbe	3
Energie und Wasserversorgung	3
Kredit- und Versicherungsgewerbe	1

Quelle: Bundesingenieurkammer

Im Folgenden werden die wichtigsten Branchen mit ihren Einstiegsmöglichkeiten vorge-stellt.

3.1 Chemische Industrie

Die chemische Industrie produziert ein breites Sortiment für alle Lebensbereiche. Vieles davon geht als Vorprodukt in andere Branchen: anorganische Grundchemikalien, Petrochemikalien, Polymere sowie Fein- und Spezialchemikalien. Aber auch jeder Endverbraucher nutzt täglich chemische Produkte: Medikamente, Wasch- und Reinigungsmittel, Körperpflege, Lacke, Farben, Klebemittel sind nur einige Beispiele. Die Chemie ist die drittgrößte Industriebranche in Deutschland. 2013 setzte sie rund 188 Mrd. Euro um. Vor ihr liegen nur der Kraftfahrzeugbau und der Maschinenbau.

Mit 442.500 Mitarbeitern trägt sie maßgeblich zur Beschäftigung in Deutschland bei. Weitere 380.000 Arbeitsplätze entstehen durch die Nachfrage der Chemieunternehmen bei Zulieferern und noch einmal 200.000 durch die Nachfrage der Chemiebeschäftigten nach Konsumgütern.

Die Branche gehört als Lieferant wichtiger Vorprodukte zu den Innovationsmotoren der Industrienation Deutschland. Fast 80 % ihrer Produktion gehen an Kunden aus der Industrie. Bedeutende Abnehmer sind:

- Kunststoffverarbeitung
- Automobilindustrie
- Bauindustrie

Der wichtigste Kunde ist allerdings die Chemieindustrie selbst. Entlang ihrer vielgliedrigen Wertschöpfungskette entstehen zum Beispiel aus Rohbenzin Petrochemikalien, die wiederum zu Polymeren und Spezialchemikalien weiterverarbeitet werden.

Die 10 umsatzstärksten Chemieunternehmen Deutschlands (2013)

Rang	Unternehmen	Umsatz (in Mio. Euro)
1	BASF SE	73.970
2	Bayer AG	40.200
3	Fresenius SE	20.300
4	Linde AG	16.550
5	Henkel AG	16.355
6	Boehringer Ingelheim GmbH	14.100
7	Evonik Industries AG	12.870
8	Merck KGaA	10.700
9	Lanxess AG	8.300
10	Beiersdorf AG	6.140

Quelle: www.gevestor.de

10,5 Mrd. Euro investierte die chemische Industrie 2014 in Forschung und Entwicklung (F&E) und rangiert damit nach der Autoindustrie und der Elektroindustrie auf Platz 3. In den Forschungslabors arbeiten rund 45.000 Menschen, darunter 15.000 Wissenschaftler und Ingenieure, rund ein Drittel. Gegenüber dem Vorjahr bedeutet das ein Plus von fast 4 %. Vier von fünf Betrieben forschen regelmäßig.

Um auch weiterhin als Innovationsmotor agieren zu können, benötigt die chemische Industrie bestens ausgebildete Wissenschaftler, Ingenieure und Techniker, eine effiziente Grundlagenforschung und eine innovationsfreundliche Gesetzgebung.

Die Struktur der Branche ist klein und mittelständisch geprägt. Rund 2.000 Unternehmen gehören dazu – einige wenige weltbekannte, namhafte Großunternehmen und mehr als 90 % kleine und mittlere Unternehmen mit weniger als 500 Beschäftigten. Bei ihnen arbeitet jeder dritte Chemiearbeiter; sie sind also wichtige Arbeitgeber. Außerdem erwirtschaften sie jeden dritten Euro. Im Unterschied zu anderen Branchen ist der Mittelstand in der Chemie nicht in erster Linie Zulieferer, sondern Kunde der Großunternehmen.

Die deutsche Chemieindustrie ist **in Europa die Nummer 1** und steht weltweit auf Platz 4. Sie hält einen Anteil von 25 % der europäischen Chemieproduktion. Wichtige Impulse für die Entwicklung gibt es durch die wieder anziehende Auslandsnachfrage. Deutschland profitiert davon, indem es exportiert und im Ausland investiert. Rund 55 % ihrer Produkte verkaufte die deutsche Chemieindustrie ins Ausland. Gut 57 % davon in die 28 EU-Länder, knapp 12 % ins übrige Europa, gut 10 % in die NAFTA-Region, 14 % nach Asien.

Im Ausland setzten deutsche Chemieunternehmen 115,8 Mrd. Euro um, und damit fast doppelt so viel wie im Inland (77,8 Mrd. Euro).

Der globale Wettbewerb ist hart. Die Unternehmen strukturieren unter diesem Druck ihre Geschäftsfelder neu, bauen Kerngeschäfte aus und lagern Randaktivitäten aus. Das führt zu einer stärkeren Spezialisierung und Aufspaltung der Unternehmen. Ein weiterer Trend ist die vermehrte Übernahme vor allem von Pharmaunternehmen durch ausländische Hersteller bzw. die Beteiligung von Finanzinvestoren an Chemieunternehmen.

Die deutsche Chemie kann nicht über Billiglöhne oder Rohstoffe konkurrieren. Ihr strategischer Vorteil beruht auf ihrer **hervorragenden Wissensbasis**, die in den Forschungsabteilungen und Forschungseinrichtungen sowie bei ihren Mitarbeitern international einmalig gebündelt ist. Die Forschung in den Unternehmen ist in den letzten Jahren anwendungsorientierter geworden, während die Grundlagenforschung vorzugsweise in den öffentlichen Forschungsinstituten stattfindet.

> **TIPP** Wer in die chemische Industrie einsteigt, findet attraktive Bedingungen vor. Aufgrund der hohen Produktivität und des hohen Bildungsniveaus sind die Löhne und Gehälter hoch.

Ein Arbeitnehmer geht im Schnitt mit gut 54.000 Euro brutto nach Hause – und bekommt damit rund 25 % mehr als der Durchschnitt im verarbeitenden Gewerbe. Ingenieure steigen mit rund 52.600 Euro ein. Ihr Anteil an allen Akademikern in der chemischen Industrie beträgt 23 %. Der Einstieg erfolgt meist direkt oder über ein Trainee-Programm.

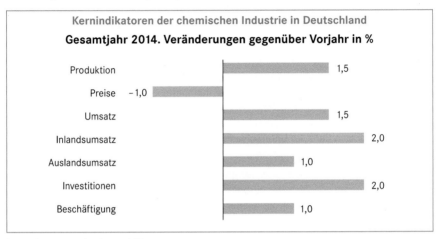

Kernindikatoren der chemischen Industrie in Deutschland
Gesamtjahr 2014. Veränderungen gegenüber Vorjahr in %

Produktion	1,5
Preise	–1,0
Umsatz	1,5
Inlandsumsatz	2,0
Auslandsumsatz	1,0
Investitionen	2,0
Beschäftigung	1,0

Quelle: Statistisches Bundesamt, VCI

Beispiel Boehringer Ingelheim: Jährlich werden in Deutschland zahlreiche Hochschulabsolventen aus den Fachbereichen Natur-, Ingenieur- und Wirtschaftswissenschaften sowie Informatik eingestellt. Neben dem Direkteinstieg beispielsweise als Referent Controlling gibt es in den Bereichen Biopharmazie, Finanzen, Pharma-Herstellung, Personal und Marketing auch die Möglichkeit, bereichsbezogen eine Trainee-Ausbildung zu durchlaufen. Für die Dauer von 24 Monaten gibt es einen befristeten Arbeitsvertrag. Trainees werden in den operativen Arbeitsablauf integriert und lernen die wichtigsten Kernbereiche, unterschiedliche Prozesse und Strukturen kennen. Sie sollen so ein abteilungs- und fachübergreifendes Kommunikationsnetzwerk aufbauen.

Gefragt sind für alle Positionen Absolventen aus den Fachbereichen Chemie, Pharmazie, Biotechnologie, Ingenieurwissenschaften, Wirtschaftsmathematik und -informatik, Medizin sowie Agrarwissenschaften und Veterinärmedizin. Ingenieure beginnen vor allem in den Bereichen

- Animal Health
- Biopharmaceuticals
- Engineering
- Finance & Controlling
- Human Resources
- Marketing & Sales
- Market Access/Health Economics

- Pharma Production
- Purchasing
- Supply Chain Management

Web-Link
Nähere Informationen finden Sie unter www.careers.boehringer-ingelheim.com/germany/de/why-bi

3.2 Special Automotive

Eine zeitgerechte und mitgestaltende Automobilindustrie braucht Mobilitätskonzepte der Zukunft. Dazu zählt unter anderem, noch effizienter verbrennende Motoren sowie alternative Antriebstechnologien zu entwickeln und bereitzustellen. Dazu gehört auch, dass die Mineralölindustrie sowohl konventionelle Treibstoffe qualitativ verbessert als auch biogene Kraftstoffe erster, zweiter und weiterer Generationen weiterentwickelt und parallel die Elektromobilität vorantreibt. Und dazu gehört, den technologischen Fortschritt zum automatisierten Fahren von leistungsfähigen und zuverlässigen Fahrerassistenzsystemen unterstützen zu lassen. „Das Auto erfindet sich neu – und ist wesentlicher Bestandteil unserer mobilen Zukunft. CarIT ist die Grundlage für Innovationen in den kommenden Fahrzeuggenerationen. In Kooperationen mit Partnern aus der Informationstechnologie etablieren die deutschen Automobilhersteller und Zulieferer ganz neue Geschäftsmodelle", betonte Matthias Wissmann, Präsident des Verbandes der Automobilindustrie (VDA), auf dem carIT-Kongress in Hannover Ende September 2014.

Entwicklungstrends für Automotive in Deutschland

Als unbestritten gilt, dass das Auto seine Rolle als wichtigstes Verkehrsmittel beibehalten wird. Stellvertretend für die Stärke der deutschen Automobilindustrie sei deren Anteil am Weltmarkt, „Personenkraftwagen" genannt, der etwa ein Fünftel beträgt. Nach Angaben des Verbandes der Automobilindustrie (VDA) produzieren deutsche Automobilhersteller in 2014 in Deutschland über 5,6 Mio. Personenkraftwagen, weltweit sind es über 14,9 Mio. Der Export legt um 2,5 % zu (über 4,3 Mio. Pkw). Insgesamt entwickelt sich der deutsche Automarkt nach oben. Daher erwartet man eine stabile Beschäftigung am Automobilstandort Deutschland.

3.2.1 Engineering – eine boomende Dienstleistung

Sogenannte Engineering-Dienstleister oder auch Entwicklungsdienstleister erobern den hochspezialisierten Arbeitsmarkt in der Automobilindustrie. Kaum ein namhafter Hersteller oder Zulieferer, der darauf nicht zurückgreift. Der Service der Dienstleister ist bereits so weit entwickelt, dass sie ein Stützpunktnetz entwickelt haben, mit dem sie den regionalen Bedarf der Industrie an Fachkräften adäquat bedienen können. Die „Wahl-Ingenieure" wissen die Plattform der Engineering-Dienstleister zu schätzen, weil sie im hochspezialisierten Bereich ganz gezielt Arbeitsplätze geboten bekommen und dadurch die Möglichkeit haben, einen festen, bestenfalls unbefristeten Arbeitsvertrag zu unterschreiben.

Zufrieden sind vor allem die Ingenieurdienstleister selbst. „Seit etwa zwei Jahrzehnten geht es mit den Ingenieurdienstleistern steil aufwärts. Denn um Kosten zu sparen und schnell an neues Wissen zu kommen, vergeben Großkonzerne immer mehr Entwicklungsarbeit nach draußen. Doch blühen muss sie im Verborgenen, denn die Ehre für die Innovationen wollen die Auftraggeber selbst einheimsen. Sie fürchten Imageschäden, wenn bekannt würde, dass viele Teile ihrer teuren Produkte von externen Dienstleistern entwickelt wurden", meldet karriere-ing.

Die Großen unter den für alle Industriezweige tätigen deutschen Entwicklungsdienstleistern – neben Euro Engineering und Bertrandt sind das Ferchau aus Gummersbach bei Köln und Brunel in Bremen – glänzen mit zweistelligen Zuwachsraten bei Umsatz und Personal. Alle beschäftigen weit mehr als 1.000 Ingenieure und Techniker – fast dreimal so viele wie noch vor fünf Jahren.

Durchaus interessant ist die Antwort von Stefan Eichholz, Marketingleiter bei Ferchau, auf die Frage von karriere-ing. nach tariflicher Bezahlung und Arbeitsplatzsicherung. Er sagt: „Ferchau bietet ab 1. Juli 2013 allen Mitarbeitern eine ERA-Zulage an. Durch sie kommt in unserem Entgelt-Tarifvertrag eine zusätzliche Gehaltskomponente hinzu. Die ERA-Zulage orientiert sich dabei an den Eingruppierungskriterien des Entgelt-Tarifvertrages der IG Metall von Nordrhein-Westfalen. Die Höhe der Zulage ist abhängig von der Qualifikation. Im Maximum beträgt die Zulage beispielsweise bei einem Ingenieur 659,00 EUR monatlich. Unsere Arbeitsplätze sind zunächst einmal generell sicher. Dafür sorgen schon allein unsere Engineering-Kompetenz und unser breit aufgestelltes Dienstleistungsportfolio."

3.2.2 Umweltschonende Antriebe

Ein zentrales Thema des Jahres 2015 bleibt der Umweltschutz und die damit in Verbindung stehenden geringeren Kraftstoffverbräuche, Emissionen und alternativen Antriebskonzepte für Straßenfahrzeuge. Im Vordergrund steht dabei unter anderem, die CO_2-Werte zu reduzieren. Sie zu regulieren, gilt als wesentlicher Treiber auf dem Weg in das nächste Jahrzehnt. Statistische Angaben des Kraftfahrtbundesamtes besagen, dass sich die durchschnittlichen CO_2-Emissionen aller in Deutschland neu zugelassenen Pkw um 4 % auf 136,0 g/km reduziert haben. Die Fahrzeuge deutscher Konzernmarken erreichten einen CO_2-Wert von 136,2 g. Diese Angabe entspricht einem Verbrauch von nur noch 5,5 l auf 100 km. Darüber hinaus werden bereits heute Fahrzeugmodelle angeboten, die weniger als 5 l Kraftstoff auf 100 km verbrauchen. Der CO_2-Ausstoß von Neuwagen soll nach EU-Vorgaben ab 2020 bei 95 g/km liegen. Letzteres lässt sich nach Auffassung des VDA nicht nur dadurch erreichen, dass bisherige Antriebe so weiterentwickelt werden, dass sie noch effizienter arbeiten. „95 Gramm im Durchschnitt aller in der EU neu zugelassener Pkw heißt, dass wir einen erheblichen Anteil dieser Autos mit alternativen Antrieben ausstatten müssen – oder wir bekommen in Europa das ‚Einheitsauto'. Unsere Industrie investiert Mrd. in alternative Antriebskonzepte", so die Position des VDA.

Seit 2014 gelten noch strengere Emissionsgrenzwerte für leichte Straßenkraftfahrzeuge (Euro 5 und 6). Demnach werden die Grenzwerte für Schadstoffemissionen (Abgasnormen) per Gesetz erheblich verschärft. Bereits seit dem 1. Januar 2011 gilt die Euro 5 für die Zulassung und den Verkauf von Neuwagen (Erstzulassung), die Euro 6 für Neuwagenzulassung gilt verbindlich seit 1. Januar 2015. Diese Forderungen machen die Sauber-Technologie auch in Personenkraftwagen mit Dieselmotoren notwendig. Die supersaubere Technik gelingt auf dem Wege der selektiven katalytischen Reduktion (SCR) – ein chemisches Verfahren, das in sogenannten SCR-Katalysatoren abläuft. Dazu wird die weltweit geschützte Marke AdBlue® benötigt. AdBlue® ist ein Kunstname für chemischen Ammoniak, wird als Grundstoff aus Erdgas gewonnen und wandelt die umweltschädlichen Stickoxide (NOx) in Wasserdampf und ungiftigen, harmlosen Stickstoff um bzw. neutralisiert sie. Nach dem Einsatz im Diesel-Lkw wird die SCR-Technik und der Betriebsstoff AdBlue® zunehmend in den Diesel-Pkw etabliert. Deren Fahrzeugtanks können bei der jährlichen Inspektion oder auch an den Tankstellen aufgefüllt werden, die AdBlue® aus der Zapfpistole anbieten.

So oder so muss die Mobilität auch in 10 oder zwanzig Jahren flexibel, bezahlbar und nachhaltig sein. Vor dem Hintergrund weltweit wachsender Mobilität gehört es zu den Aufgaben der Automobilbranche, einerseits technisch maßgeschneiderte Lösungen zu bieten und auf der anderen Seite Umweltressourcen und Klima zu schützen. „Nicht der Verzicht auf das Auto, sondern andere, energieeffizientere, saubere Fahrzeuge sind für uns die richtige Lösung", so VDA-Geschäftsführer Dr. Kay Lindemann. Und „der Weg weg vom Öl hin zu einer nachhaltigen Mobilität der Zukunft ist mehrspurig. Kurz- und mittelfristig arbeiten unsere Unternehmen an der Optimierung des Verbrennungsmotors, hier gibt es allein in diesem Jahrzehnt noch ein Effizienzpotenzial von rund 25 %. Dazu kommen Biokraftstoffe und der Einsatz alternativer Antriebe, die vom Hybrid- bis zum Elektroauto alle technischen Optionen umfassen", blickt Lindemann voraus.

Das Auto der Zukunft fährt mit einem intelligenten Mix aus Öl **und** Strom. So gehören auch Autogas und Erdgas als klimafreundliche und gleichberechtigte Alternativen dazu. In der folgenden Übersicht sind die weitreichenden Ziele des Volkswagen-Konzerns exemplarisch vorgestellt.

Die Nachhaltigkeitsziele des VW-Konzerns

- bis 2018 der ökologisch nachhaltigste Autohersteller der Welt
- 30 % Reduktion der CO_2-Emissionen von 2006 bis 2015 der Neuwagenflotte
- Flottenemission im Jahr 2015 unter 120 g CO_2/km und im Jahr 2020 unter 95 g CO_2/km
- jedes neue Modell wird 10–15 % effizienter als der Vorgänger
- bis 2018 sollen die Produktionsstätten des Volkswagen Konzerns 25 % Energie und Wasser einsparen, weniger Abfälle und weniger Emissionen verursachen
- die CO_2-Emissionen in der Energieversorgung der Produktion sollen im Volkswagen Konzern bis 2020 um 40 % sinken
- Investitionen in Höhe von 600 Mio. Euro in den Ausbau regenerativer Energien aus Sonne, Wind und Wasserkraft

---

Quelle: Volkswagen AG (Dezember 2013)

In der vom Mineralölwirtschaftsverband beauftragten Szenario-Analyse „Der Pkw-Markt bis 2040: Was das Auto von morgen antreibt" kommt das Institut für Fahrzeugkonzepte des Deutschen Zentrums für Luft- und Raumfahrt unter anderem zu folgenden Einschätzungen:

„Die Ergebnisse zeigen, dass eine Halbierung der CO_2-Emissionen im Pkw-Bestand ohne den Wechsel auf andere Verkehrsträger möglich ist. Hochwertige Kraftstoffe in Kombination mit innovativen Verbrennungsmotoren ermöglichen Effizienzverbesserungen von über 30 % und tragen den Klimaschutz in die Breite der Flotte, und zwar sowohl mit konventionellen Fahrzeugen wie auch Hybridmodellen. Hinzu kommen der kontinuierlich steigende Anteil der elektrisch zurückgelegten Fahrstrecke und langfristig signifikante Marktanteile alternativer Antriebe.

Auch bei einer Verschärfung des Emissionsgrenzwerts auf 45 g CO_2/km im Jahr 2040, wie im Basis-Szenario umgesetzt, haben 85 % der verkauften Neuwagen einen Verbrennungsmotor installiert, der zum Teil als Reichweitenverlängerer fungiert. Betrachtet man den Fahrzeugbestand, liegt der Anteil noch bei 95 %. Ein Verbrennungsmotor wird auch bei starker Hybridisierung neben der Traktionsbatterie an Bord des Autos notwendig sein, um die Mobilitätsbedürfnisse zu erfüllen."

3.2.3 Sichere Fahrzeuge

Deutsche Automobilbauer legen größten Wert auf höchste Fahrzeug- und Verkehrssicherheit. „Die deutsche Automobilindustrie ist dabei, Sicherheit im Straßenverkehr völlig neu zu definieren. Die Zukunft liegt in der Vernetzung der Fahrzeuge untereinander, mit der Infrastruktur und dem Internet. Autos kommunizieren über Mobilfunk oder W-LAN miteinander. Wir werden in Echtzeit vor Unfällen gewarnt, können Staus umfahren, Reisezeiten verkürzen und so Umweltressourcen sparen. Unser Ziel ist der unfallfreie Straßenverkehr", erklärte VDA-Präsident Matthias Wissmann im März 2014. Automobil und digitale Welt werden zunehmend zueinander rücken. „Die Digitalisierung wird revolutionäre Folgen für das Automobil und für unsere Branche als Ganzes haben. Die Menschen erwarten, dass ihr Auto genauso vernetzt ist wie das Smartphone, dass also beide Welten miteinander verschmelzen. Der Automobilstandort Deutschland muss auch bei dieser Zukunftstechnologie eine Führungsrolle übernehmen: Das perfekte Auto ist effizient, emotional und voll vernetzt", so Professor Martin Winterkorn, Vorstandsvorsitzender der VW AG während des 16. Technischen Kongresses des VDA am 20.03.2014 in Hannover.

Wer heute ein neues Auto kauft, erwartet hohe Sicherheitsleistungen von innovativen Sicherheitstechniken. Seien es verbesserte, automatisierte Bremssysteme, seien es zuverlässig funktionierende Fahrerassistenzsysteme, die den Autofahrer in Gefahrensituationen selbsttätig unterstützen und dadurch Unfälle vermeiden. Zu ihnen gehören beispielsweise sogenannte Fahrerdynamikregelsysteme (Elektronisches Stabilitätsprogramm, ESP), die das Fahrzeug auch in schwierigen Situationen sicher durch die Kurve bringen. Die kleinen Helfer gibt es als informierende, Sensor-, automatisch eingreifende und automatisch agierende Systeme. Praktische Beispiele sind neben den ständig weiterentwickelten Navigationsgeräten als Informationsquelle Anlagen zum Konstanthalten der Geschwindigkeit (Tempomat) mit integrierter Abstandsregelung, automatische Unterstützung im Falle eines Staus auf Autobahnen oder auch das sensorgestützte Anfahren, Beschleunigen und Bremsen. Lohnenswerte elektronische Helfer sind auch Abbiege- und Spurwechselassistenten. Denn für Fahrzeuge, die mit Fahrer-Assistenz-Systemen (FAS) ausgestattet sind, ist die Gefahr, an einem Unfall beteiligt zu werden, deutlich geringer. In den kommenden Jahren ist für alle Neufahrzeuge in der Europäischen Union vorgeschrieben, dass elektronische Fahrstabilitätsprogramme (ESP) einzubauen sind.

Jahr	Gesetzlich vorgeschrieben
ab 2015	Einbau von Spurhaltesystemen
ab 2016 (voraussichtlich)	Einbau von Notbremsassistenten für neu zugelassene Busse und Nutzfahrzeuge ab 3,5 t

Für eine solide Bodenhaftung sind neben Rollwiderstand und Bremsweg nicht nur eine gute Gummi-Mischung und entsprechende Profiltiefe gefragt. Zu den Fortschritten in puncto Sicherheit zählt ebenso die bessere Reifentechnik. Mit ihr ist die Traktion entscheidend verbessert worden, die Beschleunigungsraten nahmen zu und die Bremswege wurden verkürzt.

Wer bei witterungsbedingt schlechter Sicht oder in der Dunkelheit unterwegs ist, weiß das Licht moderner Halogen- und Xenon-Scheinwerfer zu schätzen. Fahrbahnen werden von automatisch anpassbarem Licht besser und gleichmäßig bis zum Straßenrand ausgeleuchtet. Durch die hohe Leistung und Verteilung kann der Autofahrer das Umfeld wesentlich früher und besser wahrnehmen. Allerdings sollten moderne Scheinwerfer auch vorschriftsmäßig eingestellt sein, um entgegenkommende Verkehrsteilnehmer nicht noch stärker zu blenden. Die Zukunft wird ein Licht sein, das sich auf die jeweils herrschenden Bedingungen so einstellt, dass Helligkeit, Verteilung und Einfallwinkel (Advanced Front Lighting System, AFS) automatisch regelt. Dabei regelt ein Steuergerät bewegliche Module so, dass das Licht für Stadt, Landstraße, Autobahn und bei Gegenverkehr optimal eingestellt wird. Sogenannte fahrdynamische Sensoren werden hier die Beleuchtung steuern, und das Scheinwerferlicht wird vom Navigationsgerät vor der Fahrt durch eine Kurve gewarnt.

Einfacher und sicherer ist es für die Autobesitzer geworden, deren Fahrzeuge mit Sensoren und Kameras ausgestattet werden, die während des Rückwärtsfahrens unbemerkte Hindernisse erkennen und darauf aufmerksam beziehungsweise diese sichtbar machen. Hervorzuheben sind sogenannte ACC-Sensoren. Das Adaptive Cruise Control-System ist in der Lage, sowohl die vom Fahrer vorgewählte Geschwindigkeit zu halten als auch den geforderten Sicherheitsabstand zum vorausfahrenden Fahrzeug.

Passive Sicherheitssysteme sind für die Fahrzeugsicherheit genauso bedeutsam. Dazu gehören beispielsweise eine stabile Karosseriestruktur sowie ausreichendend schützende Knautschzonen, damit die Fahrgastzelle im Ereignisfall weitgehend unversehrt bleibt. Teil der Sicherheit sind Rückhaltesysteme wie Drei-Punkt-Gurt oder Airbag. Mit welchen Kräften ein Airbag – ganz egal, ob vorn oder seitlich – bei einem Unfall reagiert, um einen Aufprall abzufangen, hängt inzwischen von der jeweils gefahrenen Geschwindigkeit ab. Außerdem wird die Sicherheit von Kindersitzen ständig weiterentwickelt, um auch die kleinen Insassen immer besser zu schützen.

Mini-Kameras überwachen das Fahrzeugumfeld – sie informieren den Fahrer etwa über Leitsysteme, Fahrspuren, Verkehrszeichen und Hindernisse. Schließlich könnte das GPS-gesteuerte Navigationsgerät als Rettungsassistent genutzt werden, um für Fahrer und Mitfahrer nach einem schweren Unfall schnelle medizinische Hilfe zur Verfügung zu stellen. Zugleich wird die flächendeckende Kommunikation wirtschaftlich bedeutender, da sie für Pannen-Ferndiagnosen genutzt werden kann.

Sicherheit wird von Fahrzeugen ebenso verlangt, um die Zahl der Diebstähle in den Griff zu bekommen. Nach Angaben des Gesamtverbandes der Deutschen Versicherungswirtschaft (GDV) wurden 2013 in Deutschland 18.805 Pkw, gestohlen. Dafür zahlten Versicherer 263,9 Mio. Euro an Versicherte. Trotz elektronischer Diebstahlsicherungen gelingt es den hoch spezialisierten Verbrechern immer wieder, Fahrzeuge aufzubrechen und abzufahren.

3.2.4 Schlüsselbranche für Ingenieure

Die Automobilbranche ist und bleibt volkswirtschaftlich eine Schlüsselbranche. Die Beschäftigung ist auf Rekordniveau, der Export boomt. Die Erfolgsgaranten heißen Innovation und Internationalisierung. Die weltweiten Forschungs- und Entwicklungsinvestitionen stiegen auf rund 29,6 Mrd. Euro in 2013. Das entspricht einem Zuwachs gegenüber dem Vorjahr von über 7 %. „Welche hohe Bedeutung der Standort Deutschland für die Forschungs- und Entwicklungsaktivitäten der Hersteller und Zulieferer hat, wird daran deutlich, dass hier mit 56 % der Großteil aller automobilen Forschung und Entwicklung-Investitionen getätigt wird, während mit 5,5 Mio. Einheiten lediglich gut ein Drittel der weltweiten Pkw-Produktion (14,7 Mio. Einheiten) deutscher Konzernmarken im Inland erfolgt. In Deutschland entfällt auf die Automobilindustrie ebenfalls rund ein Drittel der gesamtwirtschaftlichen Forschungs- und Entwicklungsaufwendungen", beschreibt der VDA die Situation im Dezember 2014. Dessen Präsident Wissmann sagte weiter: „Sie ist mit Abstand der größte Forschungs- und Entwicklungsinvestor und strategisch wichtig für den Technologiestandort Deutschland. Hier entsteht das technologische Know-how, das die Grundlage der internationalen Wettbewerbsfähigkeit der deutschen Automobilindustrie darstellt. Rund 93.000 hochqualifizierte Mitarbeiter sind im Forschungs- und Entwicklungsbereich bei Herstellern und Zulieferern beschäftigt. Das ist jeder vierte FuE-Beschäftigte der gesamten deutschen Wirtschaft."

Jedes zweite Unternehmen in Deutschland sucht Ingenieure. Automobilhersteller stehen auf der Wunschliste junger Ingenieure weit vorn. Alles, was Ingenieur-Absolventen von Arbeitgebern erwarten, erfüllen Automobilhersteller offenbar. Automobilunternehmen sowie Zulieferindustrie haben einen hohen Bedarf an Ingenieuren. So finden Ingenieure in der Fahrzeugtechnik gute Arbeitsmarktverhältnisse vor.

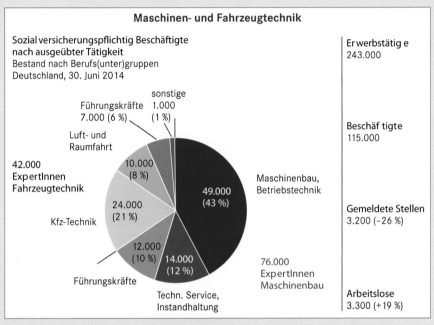

Maschinen- und Fahrzeugtechnik

Sozialversicherungspflichtig Beschäftigte
nach ausgeübter Tätigkeit
Bestand nach Berufs(unter)gruppen
Deutschland, 30. Juni 2014

Erwerbstätige
243.000

sonstige
Führungskräfte 1.000
7.000 (6 %) (1 %)

Luft- und
Raumfahrt

Beschäftigte
115.000

42.000
ExpertInnen
Fahrzeugtechnik

10.000
(8 %)

Maschinenbau,
Betriebstechnik

49.000
(43 %)

24.000
(21 %)

Kfz-Technik

Gemeldete Stellen
3.200 (-26 %)

12.000
(10 %)

14.000
(12 %)

76.000
ExpertInnen
Maschinenbau

Führungskräfte

Techn. Service,
Instandhaltung

Arbeitslose
3.300 (+19 %)

Quelle: Bundesagentur für Arbeit, Statistik/Arbeitsmarktberichterstattung (Mai 2015): Der Arbeitsmarkt für Ingenieurinnen und Ingenieure, Nürnberg, S. 7

Rund 140.000 Ingenieure arbeiten derzeit in der Automobilbranche. Inzwischen dürfte die Kräftenachfrage jedoch verhaltener sein. Der wohl größte Bedarf besteht an Maschinenbau-Ingenieuren mit Schwerpunkt Fahrzeugtechnik, Elektro-Ingenieuren und Informatikern. Darüber hinaus sind Wirtschaftsingenieure und Mechatroniker gefragt.

Praktika in der Industrie, am besten in der Automobilbranche, sind für Bewerber technischer Fachrichtungen unbedingte Voraussetzung. Großen Wert wird auf Team- und Kommunikationsfähigkeit, analytisches Denken und eigenverantwortliches Handeln gelegt. Von neuen Ingenieuren wird relativ schnell eigenverantwortliche und selbstständige Arbeit erwartet.

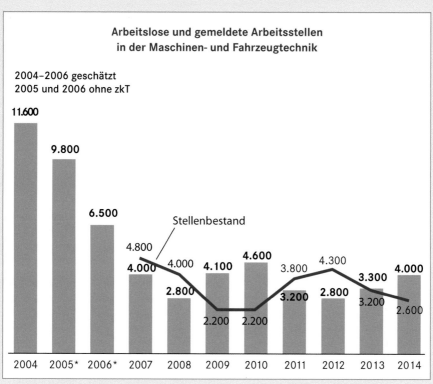

**Arbeitslose und gemeldete Arbeitsstellen
in der Maschinen- und Fahrzeugtechnik**

2004–2006 geschätzt
2005 und 2006 ohne zkT

Quelle: Bundesagentur für Arbeit, Statistik/Arbeitsmarktberichterstattung (Mai 2015): Der Arbeitsmarkt für Ingenieurinnen und Ingenieure, Nürnberg, S. 8

Die Automobilindustrie sucht immer gut ausgebildete Maschinenbauingenieure mit der Fachrichtung Fahrzeugtechnik. Große Chancen haben unter anderem Elektrotechniker, Regelungstechniker und IT-Spezialisten, da die Qualität der Fahrzeugausstattungen von elektronischen Standards bis zu immer raffinierteren sensorgestützten Überwachungssystemen zunehmen wird. Absolventen der Querschnittsstudiengänge Mechatronik und Wirtschaftsingenieurwesen können an den Schnittstellen von Maschine und Elektronik tätig werden. Gut ausgebildet haben sie die Möglichkeit, auch als Entwicklungs-, Versuchs- und Erprobungsingenieure zu arbeiten oder als ingenieurtechnische Forscher für Versicherer aktiv zu werden. Stellvertretend sei das Allianz Zentrum für Technik genannt. Das AZT-Automotive beschäftigt sich mit Unfall-, Sicherheits- und Reparaturforschung.

3.2.5 Das richtige Studium

Vor dem Studium müssen wichtige Entscheidungen getroffen werden. In welcher Fachrichtung soll mit welchem Studiengang das Ingenieurstudium erfolgen, welcher Abschluss soll es werden – Bachelor oder Master oder beides –, welche Ausbildungseinrichtung – Universität, Technische Hochschule oder Fachhochschule – und welcher Studienort sollen es sein? Soll in Deutschland studiert werden, mit internationalen Praktika, oder doch in einem anderen Land?

> **>** **TIPPS** für Studienanfänger bietet die App VDI-Studypilot und die Website www.study-pilot.de. Beide webbasierten Plattformen helfen bei Fragen rund ums Studium.

Bereits während des Studiums ist Eigeninitiative gefragt, die dem künftigen Berufsziel dient. Dazu zählen betriebswirtschaftliche und sprachliche Zusatzqualifikationen, die Mitarbeit im Rahmen von Studenteninitiativen oder auch Aktivitäten im Verein Deutscher Ingenieure. Spätestens ab Mitte des Hauptstudiums muss der Kontakt zu potenziellen Arbeitgebern gesucht und intensiviert werden. Eine Möglichkeit dafür bieten deutschlandweite Firmenkontaktmessen, die jährlich meist an den Wochenenden stattfinden.

Wenn der Arbeitsplatz nach dem Studium oder als Quereinsteiger relativ schnell anvisiert wird, sollten sowohl Gespräche mit den Arbeitsvermittlern akademischer Berufe in den Agenturen für Arbeit eingeplant als auch Initiativbewerbungen geschrieben werden. Immens wichtig ist und bleibt, fachlich fit zu sein. Wer sich beispielsweise als Fahrzeugbau-Ingenieur bewirbt, muss wissen, dass selbstverständlich nicht nur ein sicherer Umgang mit den gängigen PC-Programmen (etwa Microsoft Office Software), sondern ebenso CAD-Anwendungskenntnisse (rechnergestütztes Konstruieren) und CNC-Programmier-kenntnisse (computergestützte numerische Steuerung) erwartet werden.

3.2.6 Einstieg und Einsteigerprogramme

Der Einstieg gelingt über ein international angelegtes Traineeprogramm am besten, wenn zuvor Erfahrungen im Ausland gesammelt wurden. Beinahe selbstverständlich ist, dass nicht nur die englische Sprache beherrscht wird, sondern auch weitere Fremdsprachen gesprochen werden. Speziell für Ingenieure, die in der Automobilbranche tätig sind, empfehlen sich Grundkenntnisse in Chinesisch, weil der dortige Markt künftig weiter expandieren wird. Absolventen, die weitere Sprachen der kommenden Automobilmärkte sprechen – Polnisch, Tschechisch, Russisch, Indisch –, sammeln wertvolle Pluspunkte. Noch vorteilhafter ist es, wenn profunde Kenntnisse der jeweiligen Landeskultur, wie man sie im Grunde nur während eines Auslandsaufenthaltes erlangen kann, vorhanden sind.

Für eine erfolgreiche Bewerbung erwarten die Top-Arbeitgeber allerdings auch einiges – gute und sehr gute Noten, schnelles Studium, internationale Praktika, persönliche Mobilität und hohe Eigenmotivation. Aufgrund der großen Beliebtheit haben insbesondere Automobilbauer eine wirklich ordentliche Auswahl unter vielen Bewerbern. Von neuen Ingenieuren wird relativ schnell eigenverantwortliches und selbstständiges Arbeiten erwartet.

MEHR POWER
FÜRS STUDIUM ...

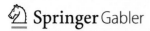

Wer sich als ambitionierter Autofreund mit Sinn für Technik und Wirtschaft oder bereits als ausgebildeter Ingenieur bewirbt, wird in der Regel mit attraktiven Arbeitsplätzen und guten Karrierechancen belohnt.

Beispiel Porsche: Der Start kann als Schüler, Student, Absolvent und als Berufserfahrener erfolgen. Während der Karrierestart als Schüler mit einer Ausbildung beginnt und mit einem dualen Studium oder über ein Berufsorientierungspraktikum fortgesetzt werden kann, gibt es für Studenten unterschiedliche Praktika. Sie dienen dazu, betriebliche Erfahrungen als Praktikant, Werksstudent oder im Rahmen der Abschlussarbeit zu sammeln. Der Absolvent steigt direkt „on the job" ein oder entscheidet sich dafür, parallel zur Praxis wissenschaftlich tätig zu sein. Bei Berufserfahrenen entscheiden neben einer drei- bis fünfjährigen Berufserfahrung deren spezielle Qualifikationen und Fähigkeiten. Vom Absolventen als Direkteinsteiger werden sowohl ein erfolgreich abgeschlossenes Studium, studienbegleitende Praxiserfahrung durch Praktika im Automobilumfeld, Leidenschaft und Leistung für Porsche-Produkte, sehr gute PC- und Englischkenntnisse sowie Team- und Kommunikationsfähigkeit, hohe Einsatzbereitschaft und selbstständige Arbeitsweise erwartet (www.porsche.com).

Beispiel Daimler AG: Das Unternehmen bietet das konzernweite Einstiegsprogramm CAReer für leistungsorientierte und automobilbegeisterte Hochschulabsolventen. CAReer ist ein unternehmensweites Ausbildungsprogramm. Innerhalb von zwölf bis 15 Monaten lernen Einsteiger in verschiedenen Projekten unterschiedliche Geschäfts- und Fachbereiche auch im Ausland kennen. Studenten, Absolventen und Berufserfahrene können das Traditionsunternehmen unter anderem auf seinen deutschlandweiten Veranstaltungen kennenlernen (http://www.daimler.com/career/).

3.2.7 Einstiegsgehälter

In der Automobilbranche kann gutes Geld verdient werden. Projektleiter erhalten Jahresgehälter von durchschnittlich 65.000 Euro, Teamleiter und Abteilungsleiter schaffen 73.000 beziehungsweise 84.000 Euro (Quelle: ingenieurkarriere.de). Absolventen müssen mit deutlich weniger Gehalt auskommen (durchschnittlich 43.500 Euro). Hinzuzurechnen sind tarifliche und außertarifliche Zulagen und auch betriebliche Sonderzahlungen. Sie schwanken innerhalb der Branche und sind unternehmensabhängig.

Die Auswertung der Einkommenssituation von ingenieurkarriere.de, dem Karriereportal der VDI nachrichten, gibt einen detaillierten Überblick über die Bruttoeinstiegsgehälter von Ingenieuren. Die branchenübergreifenden Studien berücksichtigt die ungefähren Einstiegsgehälter nach jeweiligem Abschluss und akademischem Grad sowie nach Branchen und der Unternehmensgröße.

1. Nach Abschluss:

Duales Studium	41.109 €
Universität/Technische Hochschule	45.500 €
Fachhochschulabschluss	44.285 €
Promotion	63.000 €

2. Nach akademischem Grad:

Bachelor	43.373 €
Master	46.080 €
Diplom Fachhochschule	44.470 €
Diplom Universität/Technische Hochschule	45.610 €

3. Nach Branche:

Fahrzeugbau	47.440 €
Maschinen- und Anlagenbau	45.006 €
Ingenieur- und Planungsbüros	40.100 €
Baugewerbe	40.000 €
Energieversorgung	44.500 €
Elektronik/Elektrotechnik	45.522 €

4. Nach Unternehmensgröße:

1–50 Mitarbeiter	41.600 €
51–250 Mitarbeiter	43.996 €
251–1.000 Mitarbeiter	45.364 €
1.001–5.000 Mitarbeiter	46.835 €
>5.000 Mitarbeiter	49.750 €

Quelle: www.ingenieurkarriere.de

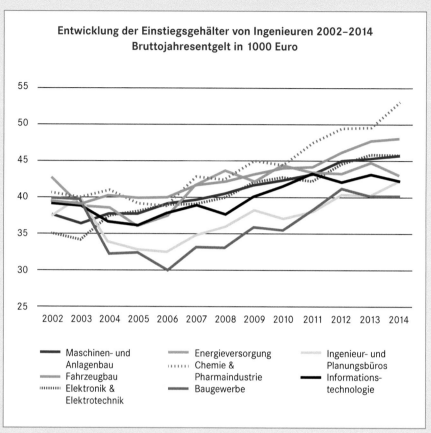

Entwicklung der Einstiegsgehälter von Ingenieuren 2002–2014
Bruttojahresentgelt in 1000 Euro

Legende:
- Maschinen- und Anlagenbau
- Fahrzeugbau
- Elektronik & Elektrotechnik
- Energieversorgung
- Chemie & Pharmaindustrie
- Baugewerbe
- Ingenieur- und Planungsbüros
- Informationstechnologie

Quelle: Gehaltstest für Ingenieure 2014, www.ingenieurkarriere.de

3.2.8 Karrierechancen

Die Karriereperspektiven in der Automobilbranche sind bei entsprechender Leistung ausgesprochen gut. Wer die Karriereleiter nach oben klettern möchte, muss sich bei internen Bewerbungen auf ausführliche und intensive Eignungstests einstellen. Sind die Einstellungshürden geschafft, stehen attraktive Karrieren, besonders in Forschung und Entwicklung bevor. Die Projekte können sich sehen lassen – visionäre Mobilitätskonzepte, zukunftsweisende Antriebe, neue Antriebsenergien, neuartige Leichtbaukonstruktionen, neue Reifen mit noch besseren aerodynamischen Eigenschaften. Spektakulär dürften die Aufgaben sein, die in Zusammenhang mit vernetzten Fahrzeugen stehen und von der Car-to-X-Kommunikation bis zum völlig autonomen Fahren reichen. Wer als Ingenieur wo auch immer in der Automobilbranche einsteigt, gestaltet die Zukunft der Mobilität mit. Die Branche braucht kluge und kreative Köpfe. Sie gibt ihnen spannende Aufgaben und bietet außergewöhnliche Entwicklungsperspektiven.

✕ Web-Links

Interessante Links für die richtige Wahl eines Ingenieurstudiums:

www.wege-ins-studium.de	www.studieren-in-deutschland.de
www.studienwahl.de	www.vdi-online.de
www.hochschulkompass.de	www.arbeitsagentur.de/BIZ
www.ingenieurwesen-studieren.de	www.berufenet.de
www.unischnuppern.de	www.mastermap.de

3.3 Elektroindustrie

Die Elektrotechnik- und Elektronikindustrie ist mit ihrem breiten Produktspektrum weltweit die größte Branche und erzielt zudem überdurchschnittliche Wachstumsraten. Dies gilt für die vergangenen Jahre und vieles spricht dafür, dass dies auch – von Konjunkturschwankungen abgesehen – so bleiben wird.

Die globale Nachfrage nach Erzeugnissen der Elektroindustrie wird maßgeblich durch die **Ausrüstungsinvestitionen** bestimmt. Da deren Elektrotechnik- bzw. Elektronikanteil steigt, nimmt der Elektromarkt stärker zu als andere Branchen. Zusätzlich treiben der immense technische Fortschritt, wachsende Märkte in Asien, Lateinamerika sowie Mittel- und Osteuropa und eine daraus resultierende zunehmende Wettbewerbsdynamik das Wachstum stark voran.

Weltweit wird die Entwicklung des Elektrotechnik- und Elektromarktes von der sogenannten Industrie-Elektronik (Bauelemente, Informations- und Kommunikationstechnik, Messtechnik und Prozessautomatisierung, Kfz-Elektronik, Medizintechnik) sowie der damit verbundenen Entwicklung von Software und Services bestimmt. Der Weltelektromarkt wird von Asien mit einem Anteil von 57 % beherrscht, Europa kommt nur noch auf 18 %, die USA auf 21 %. Europa nimmt hinter China, USA, Japan und Südkorea den fünften Rang ein.

2014 stieg der Umsatz in Deutschland gegenüber 2013 um 3 % auf 172 Mrd. Euro. 2015 wird wieder ein Anstieg auf 174,5 Mrd. Euro erwartet, wie der Zentralverband Elektrotechnik- und Elektroindustrie (ZVEI) berichtet.

Die Ausgaben für Forschung und Entwicklung sind überdurchschnittlich. 2014 flossen rekordverdächtige 15,2 Mrd. Euro – mehr als ein Fünftel aller F&E-Aufwendungen in Deutschland. Ein wichtiges Aufgabenfeld sieht die Branche auf dem Gebiet der Energieeffizienz. Schon heute bietet die Industrie nach Auffassung des ZVEI zahlreiche Lösungen für den Klimaschutz, um jährlich rund 40 Mrd. kWh Strom einzusparen. Die Produkte seien zwar weitgehend auf dem Markt, allerdings fehle es an Akzeptanz.

Neben dem Einsatz hochinnovativer Technik sind gut ausgebildete Ingenieure in hinreichender Anzahl für mehr Wachstum und Beschäftigung notwendig. 2013 waren 180.000 Ingenieure beschäftigt. Laut ZVEI wirkt der anhaltende **Ingenieurmangel als Wachstumsbremse**.

Kennzahlen der deutschen Elektroindustrie 2014

Gesamtumsatz:	172 Mrd. Euro
Mitarbeiter:	844.000 (Inland)
Investitionen in F & E:	15,2 Mrd. Euro
Wachstumsträger:	Automatisierungsbranche, Energietechnik, Medizintechnik

Quelle: www.zwei.org, Stand: Ende 2014

Ingenieure steigen in Unternehmen der Elektroindustrie direkt oder über ein Trainee-Programm ein. Im Schnitt verdienten Ingenieure, die neu in der Elektrotechnik-/Elektronikbranche anfingen, 2014 45.500 Euro brutto im Jahr.

Beispiel Miele: Für Absolventen ingenieurwissenschaftlicher Fachrichtungen werden individuell auf den Bewerber zugeschnittene Einsteigerprogramme geboten. Talentierte Bachelor-Absolventen werden in einem Jahr durch verschiedene Praxiseinsätze an eine Tätigkeit als Vertriebsbeauftragter herangeführt oder starten sofort mit einem Master-Studium, intensiv vom Unternehmen begleitet. Master-Absolventen durchlaufen ein individuelles Trainee-Programm mit Stationen im In- und Ausland sowie mit überfachlicher Ausbildung. Direkteinsteigern wird eine systematische und individuelle Einarbeitung geboten. Sie beginnen „on-the-job" und erhalten bereits an ihrem ersten Arbeitstag grundlegende Hinweise zum Unternehmen. Darüber hinaus finden gezielte Informationsveranstaltungen statt, in denen sie Wissenswertes über das Unternehmen, zum Personalwesen oder zu den Sozialleistungen erfahren und in denen sich unterschiedliche Fachbereiche mit ihren Aufgaben und Funktionen vorstellen. Die individuelle Einarbeitung in die Aufgabe der neuen Stelle ergibt sich aus den Anforderungen einerseits und dem jeweiligen Qualifikationsstand andererseits. Bei Bedarf wird ein individueller Einarbeitungsplan erstellt, der ein intensives Kennenlernen des neuen Fachbereichs und angrenzender Funktionen ermöglicht.

 Web-Link
Nähere Informationen finden Sie unter www.miele.de/m/absolventen-320.htm

Beispiel Siemens: Siemens ist ein international aufgestelltes Unternehmen mit rund 343.000 Mitarbeitern sowie Hunderttausenden von Lieferanten und Partnern in über 190 Ländern. Gesucht werden Absolventen aus den Bereichen Elektrotechnik, Informatik, Maschinenbau, Physik, Wirtschaftswissenschaften, Wirtschaftsingenieurwesen und Wirtschaftsinformatik.

Beim Direkteinstieg wird für jeden neuen Mitarbeiter ein individueller Plan mit ersten Aufgaben und organisierten Einarbeitungsmaßnahmen entwickelt. Tätigkeiten und Fortschritte werden regelmäßig mit dem persönlichen Betreuer (Patensystem) und der Führungskraft besprochen. Je nach Aufgabengebiet stehen Weiterbildungsmaßnahmen auf dem Programm, die sich eng an fachlichen, aber auch an allgemeinen Zielen wie Vortragstechniken oder Arbeitsmethoden orientieren. Das zweijährige Siemens Graduate Program (SGP) richtet sich an den Führungsnachwuchs. Es bereitet auf spätere Managementaufgaben – allgemeiner Art oder im technischen Bereich – vor und wurde für ambitionierte

Berufseinsteiger mit Hochschulabschluss entwickelt. Es gliedert sich in drei Abschnitte von je acht Monaten, von denen einer im Ausland angesiedelt ist. In den jeweiligen Stationen wird an eigenen Aufgaben in mindestens zwei verschiedenen Tätigkeitsbereichen gearbeitet – zum Beispiel im Einkauf und der Entwicklung oder im Vertrieb und im Marketing. Der Schwerpunkt des Programms liegt bei den Arbeitseinsätzen.

⊠ Web-Link
Nähere Informationen finden Sie unter www.siemens.de/jobs/seiten/home.aspx

3.4 Informationstechnologie und Telekommunikation (ITK)

Die ITK-Wirtschaft ist breit gefächert. Folgende Marktsegmente gehören dazu:

- Elektronische Bauelemente: Halbleiter, Leiterplatten, elektromechanische und passive Bauelemente
- IT-Hardware: Computer-Hardware und Bürotechnik
- Digitale Consumer Electronics: Flachbild- und Projektionsgeräte, DVD-Geräte, digitale Camcorder, MP3-Player und Ähnliches
- Software: System Infrastructure Software und Application Software
- IT-Services: Beratung, Implementierung, Operations Management, Support Services
- TK-Endgeräte: Telefonapparate, Mobiltelefone, Fax- und andere Endgeräte
- TK-Infrastruktur: Datenkommunikations- und Netzinfrastruktur wie LAN-Hardware, andere Datenkommunikations-Hardware wie Breitbandzugang, Modems, ISDN Terminal Adapter und anderes Equipment etwa für Call Center
- Festnetzdienste: Festnetztelefonie, Datendienste im Festnetz wie paketvermittelte Dienste, Internetzugang, Breitbanddienste
- Mobilfunkdienste: Umsätze aus Diensten des Mobilfunknetzes wie Mobile Data Networks, Mobile Satellite Services, SMS, mobile Internetdienste
- Neue Medien: Interactive and Non-interactive Digital Online Media, Digital Offline Media, Digital Media Advertisement, Umsätze aus Digital Media und E-Diensten, Equipment und Software für Digital Media und E-Dienste

Im Jahr 2015 arbeiten im gesamten ITK-Sektor fast eine Million Menschen (980.000), rund 21.000 mehr als im Vorjahr. Der Großteil der Jobs existiert bei mittelständischen Software-Häusern und IT-Dienstleistern.

Nach wie vor wird also gut ausgebildetes Personal dringend gesucht. Die Entwicklung in den einzelnen Bereichen der ITK verteilt sich wie folgt:

Marktzahlen der ITK-Branche 2014

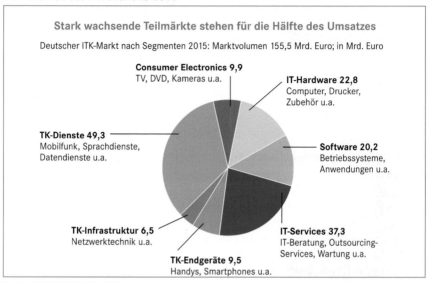

Stark wachsende Teilmärkte stehen für die Hälfte des Umsatzes

Deutscher ITK-Markt nach Segmenten 2015: Marktvolumen 155,5 Mrd. Euro; in Mrd. Euro

Consumer Electronics 9,9
TV, DVD, Kameras u.a.

IT-Hardware 22,8
Computer, Drucker,
Zubehör u.a.

TK-Dienste 49,3
Mobilfunk, Sprachdienste,
Datendienste u.a.

Software 20,2
Betriebssysteme,
Anwendungen u.a.

TK-Infrastruktur 6,5
Netzwerktechnik u.a.

IT-Services 37,3
IT-Beratung, Outsourcing-
Services, Wartung u.a.

TK-Endgeräte 9,5
Handys, Smartphones u.a.

Quelle: BITKOM, EITO, März 2015

Im Jahr 2015 erwartet die ITK-Branche in Deutschland Umsätze in Höhe von gut 155 Mrd. Euro. Damit gehört sie zu den tragenden Säulen der Wirtschaft. Auch Ingenieure und Informatiker werden wieder vermehrt gesucht.

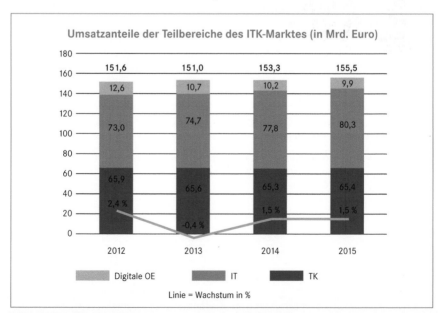

Umsatzanteile der Teilbereiche des ITK-Marktes (in Mrd. Euro)

Linie = Wachstum in %

Quelle: BITKOM, EITO; März 2015

ATZ live

Antriebs- und Fahrzeugtechnik im Gespräch

Der Fachkräftemangel der vergangenen Jahre führte bereits zu volkswirtschaftlichen Schäden in Mrd.höhe. Ein Viertel der IT-Unternehmen mit offenen Stellen musste Aufträge ablehnen, weil keine geeigneten Mitarbeiter verfügbar waren. Daher fordert BITKOM, den naturwissenschaftlich-technischen Unterricht an den Schulen zu stärken und Informatik als Pflichtfach in der Sekundarstufe I zu etablieren. Außerdem wird eine Erleichterung für Zuwanderer gefordert. 40 % der Unternehmen würden ausländische Spezialisten einstellen.

2015 wollen 68 % der Firmen neue Stellen schaffen. Besonders Software-Häuser und IT-Dienstleister suchen neue Mitarbeiter. Acht von zehn Firmen gehen 2015 von Umsatzsteigerungen aus, ist im Branchenbarometer vom Januar 2015 des Branchenverbandes BITKOM zu lesen.

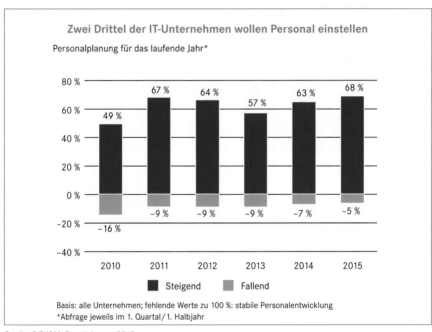

Zwei Drittel der IT-Unternehmen wollen Personal einstellen

Personalplanung für das laufende Jahr*

	2010	2011	2012	2013	2014	2015
Steigend	49 %	67 %	64 %	57 %	63 %	68 %
Fallend	–16 %	–9 %	–9 %	–9 %	–7 %	–5 %

■ Steigend   ■ Fallend

Basis: alle Unternehmen; fehlende Werte zu 100 %: stabile Personalentwicklung
*Abfrage jeweils im 1. Quartal / 1. Halbjahr

Quelle: BITKOM, Stand: Januar 2015

2014 stieg die Zahl der Studienanfänger im Fach Informatik um 2,6 % auf fast 34.300. Davon wird nach der aktuellen Abbrecherquote voraussichtlich weniger als die Hälfte einen Abschluss in diesem Fach erreichen. Der Frauenanteil stieg dabei um 5,6 % auf 7.000, was einem Anteil an allen Erstsemestern von 22,5 % entspricht. Notwendig sei beim Studium, weniger theoretisches Wissen zu vermitteln, als vielmehr Praxisbezug und die Vermittlung von branchenspezifischem IT-Know-how zu intensivieren. Die Studierenden sollten zudem die Möglichkeit haben, persönliche Fertigkeiten wie Kommunikationsfähigkeit und Fremdsprachen gezielt zu entwickeln.

3.5 Special Maschinen- und Anlagenbau

3.5.1 Die Branchenstruktur

Der deutsche Maschinen- und Anlagenbau ist mit 1.004.000 Mitarbeitern (2015) der größte industrielle Arbeitgeber des Landes. Erst danach folgen Elektrotechnik, Fahrzeug- und Ernährungsindustrie.

Die Maschinenbaubranche ist nach wie vor mittelständisch geprägt. Zwei Drittel der Unternehmen haben weniger als 100 Beschäftigte, nur 2 % mehr als 1.000 Mitarbeiter.

Der Trend im Maschinenbau, zunehmend im Ausland zu produzieren, wird sich fortsetzen. Auch kleinere Mittelständler haben in den letzten Jahren ihre Fertigungstiefe in Deutschland reduziert und im Ausland eingekauft. Die mittleren und größeren Firmen haben inzwischen alle produzierende Auslandstöchter. Allein die Mitgliedsfirmen des Verbandes Deutscher Maschinen- und Anlagenbau (VDMA) sind in 80 Ländern der Welt aktiv und mit 3.200 Tochtergesellschaften vor Ort tätig. Gleichzeitig bleibt im Maschinen- und Anlagenbau die Einzel- und Kleinteilefertigung vorherrschend, während sich im Fahrzeugbau oder in der Elektrotechnik Großserienfertigung mit standardisierten Komponenten durchgesetzt hat.

Insgesamt ist der deutsche Maschinenbau exportorientiert. Kein Land der Welt exportiert so viele Maschinen ins Ausland wie Deutschland. Gut 75 % des Maschinenumsatzes gehen ins Ausland. Der Export stieg 2014 leicht um 1,7 % und lag mit 151 Mrd. Euro etwa auf Vorkrisenniveau.

In diese Ländergruppen exportierte Deutschland Maschinen

Ländergruppe	Lieferungen 2014 (in Mrd. Euro)	Veränderung zu 2013 (in %)
Europa	83,2	2,8
EU-28	65,3	7,3
Europa-19	39,6	4,3
Afrika	4,4	-0,9
Asien	38,9	0,8
Nordamerika	16,6	5,1
Lateinamerika	6,6	-9,1
Australien/Ozeanien	1,8	-10,1

Quelle: Maschinenbau in Zahl und Bild 2015

2014: Respektables Ergebnis

„Am Ende des Jahres mündeten die konjunkturellen Auf- und Abwärtsbewegungen in einen insgesamt doch noch versönlichen Abschluss", erklärte VDMA-Präsident Dr. Reinhold Festge bei der Vorstellung der 2015er Ausgabe des Branchenberichts „Maschinenbau in Zahl und Bild 2014". Das angestrebte Produktionsplus in Höhe von 1 % real wurde erreicht. Nicht nur die Produktion überschritt mit 199 Mrd. Euro erstmals das Ergebnis aus dem Jahr 2008. Auch die Beschäftigtenzahl konnte erstmals seit 1993 wieder über die Eine-Million-Grenze vorstoßen. „Dieses gute Ergebnis untermauert einmal mehr den Platz Eins des Maschinen- und Anlagenbaus als beschäftigungsstärkste Industrie in Deutschland", bekräftigte Festge.

Die dauerhafte, generationenübergreifende Sicherung des Know-hows in den Köpfen der Mitarbeiter sei entscheidend dafür, auch künftig erfolgreich Maschinenbauprodukte „Made in Germany" anbieten zu können. Der VDMA und seine Mitgliedsunternehmen sehen deshalb einen Schwerpunkt ihrer Arbeit weiterhin darin, „Menschen für Technik" zu begeistern, die „Technik für Menschen" entwickeln und produzieren und so die Innovationsstärke des deutschen Maschinen- und Anlagenbaus weltweit Tag für Tag unter Beweis stellen.

3.5.2 Forschung und Entwicklung

Der Maschinen- und Anlagenbau ist eine Hightech-Branche, die in besonderem Maße von Erfolgen in Forschung und Entwicklung abhängig ist. 2014 gab die Branche 5,7 Mrd. Euro für Forschung und Entwicklung aus, 2013 wurde ein ähnliches Ergebnis erzielt. Insgesamt wird ein Anteil von gut 3 % vom Umsatz forschender Maschinenbauunternehmen in die Forschung und Entwicklung gesteckt. Sie findet fast ausschließlich in den Unternehmen statt. Vor allem kleinere Unternehmen haben ihre F&E-Aufwendungen in den letzten zehn Jahren deutlich – fast um 25 % – erhöht. Personalengpässe gehören laut VDMA zu den größten Hemmnissen bei der Weiterentwicklung und Anwendung von IT und Automation im Maschinenbau, Tendenz steigend.

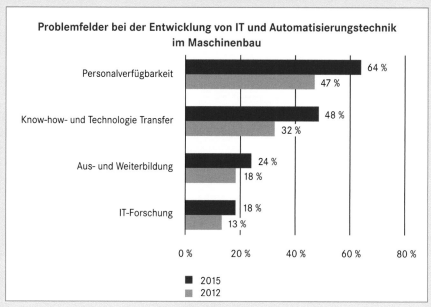

Problemfelder bei der Entwicklung von IT und Automatisierungstechnik im Maschinenbau

Quelle: VDMA Trendstudie IT und Automatisierungstechnik 2015

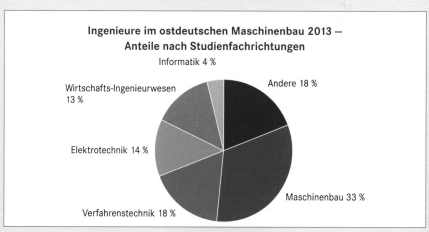

Ingenieure im ostdeutschen Maschinenbau 2013 — Anteile nach Studienfachrichtungen

Quelle: VDMA-Ingenieurerhebung 2013

3.5.3 Ingenieure im Maschinenbau und ihr Arbeitsmarkt

Über 183.000 Ingenieure aller Fachrichtungen und Informatiker sind im Bereich Maschinen- und Anlagenbau nach VDMA-Angaben tätig. Der Anteil der Ingenieure an allen Beschäftigten der Branche steigt ständig. Gegenwärtig sind es 17 %. Damit ist der Maschinen- und Anlagenbau der wichtigste Arbeitgeber für Ingenieure überhaupt. Und der Bedarf wächst weiter. Die Innovationsbranche Maschinenbau kann ihre internationale Wettbewerbsfähigkeit nur erhalten, wenn der Nachwuchs an exzellent ausgebildeten Ingenieuren auch in der Zukunft gesichert ist. Die Hälfte der Unternehmen rechnet mit einer steigenden Zahl an Ingenieuren.

Besonders hoch ist der Ingenieur-Anteil in Unternehmen, die überwiegend oder ausschließlich Dienstleistungen anbieten, während er in Unternehmen mit Serienfertigung geringer ausfällt. Nach vorsichtigen Schätzungen wird der Bedarf mittelfristig pro Jahr bei 5.000 bis 6.000 Ingenieuren und Informatikern verschiedener Richtungen liegen.

Ingenieure im ostdeutschen Maschinenbau 2013 –
Einstellungsbedarf nach Unternehmensbereichen*

Anteil der Ja-Antwort in %

Forschung, Entwicklung, Konstruktion — 80
Vertrieb — 49
Produktion — 25
Dienstleistungen — 15
Auslandstätigkeit — 18
Materialwirtschaft, Logistik, Beschaffung — 25

*Bedarf 2013 bis 2015; Mehrfachnennungen möglich

Quelle: VDMA-Ingenieurerhebung 2013

Was machen Ingenieure im Maschinenbau?

Ingenieure
* entwickeln neue Technologien oder bestehende weiter
* konstruieren Maschinen und Systeme
* organisieren Produktion und Projekte
* verkaufen und verhandeln
* beraten und schulen Kunden
* sind selbst aktive Unternehmer

Weitere wichtige Arbeitgeber für Maschinenbauingenieure sind insbesondere der Fahrzeugbau und andere Branchen des produzierenden Gewerbes, aber auch Ingenieurbüros.

Laut VDMA bleiben Forschung, Entwicklung und Konstruktion die Hauptaufgaben von Ingenieuren im Maschinen- und Anlagenbau: Mit 34 % sind mit Abstand die meisten Ingenieure in diesen Bereichen tätig. 15 % sind vorrangig mit Vertriebsaufgaben befasst.

In den kommenden Jahren wird der Bedarf an Ingenieuren im Maschinenbau weiter zunehmen, betont VDMA-Präsident Festge. „Industrie 4.0 wird nicht zu menschenleeren Fabriken führen – das Gegenteil ist der Fall. Der Maschinenbau braucht vielmehr vermehrt Personal, das Freude daran hat, Produktionsprozesse neu zu gestalten." Gesucht werden vor allem Ingenieure mit Vertiefung im Bereich Informatik sowie Informatiker, Software-Designer und zunehmend mit einer Qualifikation in Ergonomie. Bis 2018 rechnet die Branche mit 10.000 neuen Arbeitsplätzen im Bereich IT-Entwicklung und Automatisierungstechnik. Aktuell seien 2.000 Stellen unbesetzt. Fast die Hälfte der im Maschinen- und Anlagenbau tätigen Ingenieure sei heute älter als 45. Dem hohen Ingenieurbedarf stünde der Abbruch im Maschinenbau- und Elektrotechnikstudium entgegen. „Wenn uns jeder zweite Studienanfänger bis zum Abschluss verloren geht, dann wird eine Dimension sichtbar, die inakzeptabel ist", betonte der VDMA-Präsident. „Unsere Industrie lebt von ihren Ingenieuren – das Massenphänomen Studienabbruch muss künftig zur Randnotiz an den Hochschulen werden."

Das **ideale Bewerberprofil** ist vielschichtig angelegt. Fachliche Kernkompetenzen müssen kombiniert sein mit außerfachlichem Wissen. Der Blick über den Tellerrand zu Nachbardisziplinen ist eine wichtige Fähigkeit, ohne die ein Bewerber im Arbeitsalltag heute nicht mehr erfolgreich sein kann. Einen Stolperstein legen Bewerber sich selbst in den Weg, wenn sie zu hohe Gehaltserwartungen haben oder wenn sie umzugsscheu sind. Verstärkt planen die Unternehmen, Absolventen interdisziplinärer Studienrichtungen einzustellen.

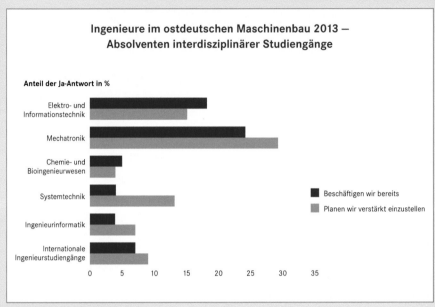

Quelle: VDMA-Ingenieurerhebung 2013

Branchenkenntnisse und Berufserfahrung helfen den Bewerbern, ein positives Bild im Auswahlverfahren zu hinterlassen. Fremdsprachenkenntnisse, vor allem **Englisch**, sind fast immer gern gesehen. Vielfach setzen die Arbeitgeber bei ihren zukünftigen Mitarbeitern auch eine extensive Reisebereitschaft voraus. Für Führungsaufgaben sind Managementerfahrung und Kenntnisse des Arbeitsrechts wünschenswert.

In fast allen Stellenangeboten zeigt sich die hohe Bedeutung der außerfachlichen Kompetenzen. **Teamfähigkeit** steht ganz oben auf der Wunschliste, gefolgt von **Flexibilität**. Der zukünftige Mitarbeiter soll verantwortungsbewusst sein und über eine große Organisationsfähigkeit verfügen. Auch Kontaktfähigkeit nennen die Arbeitgeber oft als Eigenschaft, die ein Kandidat erfüllen sollte. Schließlich soll der Wunschkandidat seine Kollegen, Mitarbeiter und Vorgesetzten argumentativ überzeugen können und zielstrebig vorgehen.

3.5.4 Arbeitgeber und Einstiegsmöglichkeiten

Der Maschinenbau ist nicht nur die Industriebranche mit den meisten Beschäftigten, sondern auch einer der wichtigsten Arbeitgeber, insbesondere für Maschinenbauingenieure. Die Vielseitigkeit des Arbeitsgebiets und die internationale Ausrichtung der Unternehmen garantieren ein abwechslungsreiches und spannendes Berufsleben.

Maschinenbauingenieure sind begehrt. Ein Problem dabei sind die hohen Studienabbrecherzahlen. Im Studienfach Maschinenbau brechen an Fachhochschulen 32 %, an

Universitäten sogar 53 % der Studierenden ab. Daher fordert der VDMA, besonders den Studienbeginn – hier streichen besonders viele die Segel – so zu gestalten, dass ihn möglichst viele junge Menschen bewältigen.

Wer indes einen guten Abschluss hinbekommt, hat auf dem Arbeitsmarkt gute Karten. Im November 2014 waren 14.500 Stellen für Ingenieure der Fachrichtung Fahrzeug- und Maschinenbau zu besetzen, Tendenz steigend, berichtet der Ingenieurmonitor des VDI vom Februar 2015.

Viele Arbeitgeber haben daher die Personalrekrutierung an **Personalvermittler** delegiert oder greifen bei höheren Auftragskapazitäten auf Mitarbeiter von **Zeitarbeitsfirmen** zurück. Hier ist auch unter Ingenieuren sowohl bei Arbeitgebern als auch Arbeitnehmern die Akzeptanz in den letzten Jahren gewachsen. In der Vergangenheit wurde häufig berichtet, dass Absolventen große Unternehmen bevorzugen und kleinere Unternehmen es oft schwer haben, geeigneten Ingenieurnachwuchs zu finden. Das stimmt nicht mehr unbedingt. Denn kleinere und mittlere Unternehmen bieten oft noch vielfältigere Einsatzmöglichkeiten und schnellere Aufstiegschancen.

Die Karrierestationen führen über einen Direkteinstieg oder ein Trainee-Programm hin zu größeren Projekten mit mehr Verantwortung. Dabei fördern viele Firmen die Entwicklung ihrer Mitarbeiter in verschiedenen Tätigkeitsfeldern. Wer also beispielsweise in der Entwicklung beginnt, kann nach einigen Jahren auch in den Konstruktionsbereich oder in den Vertrieb wechseln.

Beispiel KSB Aktiengesellschaft Frankenthal: Der KSB-Konzern zählt mit einem Umsatz von fast 2,2 Mrd. Euro in 2014 zu den führenden Anbietern von Pumpen, Armaturen und zugehörigen Systemen. Weltweit mehr als 16.300 Mitarbeiter sind für Kunden in der Gebäudetechnik, in der Industrie und Wasserwirtschaft, im Energiesektor und im Bergbau tätig. KSB erbringt in wachsendem Umfang Serviceleistungen und erstellt komplette hydraulische Systeme zum Transport von Wasser und Abwasser.

Ein internationales Trainee-Programm bildet die Manager von morgen heran. Die Trainees arbeiten 18 Monate an ausgewählten Projekten mit, sechs davon im Ausland. Dabei lernen sie verschiedene Unternehmensbereiche und Tätigkeiten kennen. Bewerber sollten folgende Qualifikation mitbringen:

- sehr guter Abschluss in BWL, Wirtschaftsingenieurwesen oder als Ingenieur für Maschinenbau bzw. Verfahrenstechnik
- fließend Englisch, gute Kenntnisse in zweiter Fremdsprache
- Auslandsaufenthalte während des Studiums (Praktika, Auslandssemester)
- weltweite Mobilität
- soziale und interkulturelle Kompetenz
- hohes Engagement und Veränderungswille
- Lernbereitschaft
- analytisches Denken in komplexen Zusammenhängen

Über die gesamte Laufzeit des Programms wird der Trainee von seiner Fachabteilung betreut, zusätzlich steht ein Mitarbeiter des Personalwesens als Pate zur Verfügung. Gezielte Weiterbildungsangebote dienen der Verbesserung der fachlichen und methodischen Kompetenzen, regelmäßige Treffen aller Trainees mit Mitgliedern des Vorstands und Top-Führungskräften sorgen für Hintergrundwissen und die Gelegenheit, schon frühzeitig wichtige Kontakte aufzubauen.

Ebenfalls interessant ist das Trainee-Programm Vertrieb. Innerhalb von zwölf Monaten werden hier künftige Verkäufer ausgebildet, und zwar ausdrücklich der Studienrichtungen Maschinenbau, Verfahrenstechnik, Elektro-, Energie-, Versorgungstechnik oder Wirtschaftsingenieurwesen. Auch hier werden fließendes Englisch und eine zweite Fremdsprache erwartet. Daneben sind diplomatisches Geschick, Zielstrebigkeit, Kontaktfreude und soziale Kompetenz wünschenswert.

Auch als Direkteinsteiger werden Absolventen eine umfassende Einarbeitung und Seminare angeboten. Möglich sind alle Karrierewege – Fachlaufbahn, Projektlaufbahn oder Management.

>< Web-Link
www.ksb.com/ksb-de/Karriere/

Beispiel Festo AG aus Esslingen: Dieser Hersteller pneumatischer und elektrischer Automatisierungstechnik beschäftigt weltweit ca. 16.700 Mitarbeiter und erzielte 2014 einen Umsatz von 2,28 Mrd. Euro. Der F & E-Anteil beträgt 7 % vom Umsatz.

Gesucht werden Absolventen folgender Studienrichtungen: Automatisierungstechnik, Mechatronik, Elektro- und Feinwerktechnik, Maschinenbau, Verfahrenstechnik, Wirtschaftsingenieurwesen, Informatik und Wirtschaftsinformatik.

Ein zweijähriges, individuell zugeschnittenes Trainee-Programm vermittelt die nötige Praxis vor dem endgültigen Berufsstart. Die Trainees durchlaufen alle Abteilungen, die für die spätere Tätigkeit relevant sind, werden in Projekte integriert, lernen die gesamte Produktpalette kennen und besuchen vielfältige Weiterbildungs- und Informationsveranstaltungen. Ziel ist der Aufbau eines persönlichen Netzwerkes, auch im Ausland. Für den Start gibt es keine festen Termine.

>< Web-Link
Eine Bewerbung ist jederzeit möglich unter www.festo.com

Beispiel Heidelberger Druckmaschinen AG: Das Unternehmen ist einer der international führenden Lösungsanbieter für gewerbliche und industrielle Anwender in der Printmedienindustrie. Im Geschäftsjahr 2013/2014 erreichte Heidelberg einen Umsatz von 2,43 Mrd. Euro, bezogen auf die Bereiche Press, Postpress und Financial Services. Im Jahr 2014 beschäftigte der Konzern weltweit gut 12.500 Mitarbeiter. Mit dem Heidelberg Young Talent Club wird ausgewählten, hoch qualifizierten Studenten und Absolventen die Möglichkeit gegeben, ihre Abschlussarbeit bei Heidelberg zu schreiben. Zudem gibt es das Heidelberg Development Programm, ein 18-monatiges Entwicklungsprogramm, in das der Einstieg jederzeit möglich ist.

Teilnehmer werden in verschiedene, jeweils drei Monate dauernde Projekte eingebunden, bekommen einen Top-Manager als Mentor zur Seite, werden in festen Gruppen gecoacht und nehmen an externen Weiterbildungen teil.

 Web-Link
Nähere Informationen finden Sie unter www.heidelberg.com

3.6 Energiewirtschaft

Die Energiewirtschaft ist eine weitgefächerte Branche und reicht von der Mineralölindustrie (Raffinerien, Tankstellen) über die Gaswirtschaft (Gasversorgung), Kohleindustrie, Strom- und Kraftwerkswirtschaft bis hin zur Regenerativen Energiewirtschaft. Die Branche bietet zahlreiche Karrieremöglichkeiten vor allem für Naturwissenschaftler und Ingenieure verschiedener Fachrichtungen, wie beispielsweise:

- Architektur
- Biologie
- Chemie
- Mathematik
- Physik
- Geologie
- Geophysik
- Informatik
- Bauingenieure

- Chemieingenieure
- Ingenieure im Bereich Petrochemie
- Maschinenbau
- Mechatronik
- Bergbau
- Verfahrenstechnik
- Versorgungstechnik
- Wirtschaftsingenieurwesen

Die Energiewirtschaft stellt ein breites Spektrum an Einstiegsmöglichkeiten zur Verfügung. Ingenieure der verschiedensten Fachrichtungen arbeiten in der Forschung und Entwicklung, planen Projekte und beaufsichtigen deren Ausführung. Sie können in den Planungsbüros, den Zulieferindustrien sowie im Wartungs- und Servicesektor der Energiesektoren Erdgas, Erdöl, Kernkraft, Kohle, Mineralöl, Regenerative Energien und Strom den richtigen Einstieg finden.

Erdöl- und Erdgasbranche: Die Exploration und Förderung von Erdöl und Erdgas (Onshore und Offshore) gehören zu den Kernkompetenzen dieser Branche. Eingesetzt wird sehr spezielle und komplexe Technik. Die Einsatzgebiete sind im Inland (Gasförderung) und im Ausland (Öl- und Gasförderung). Gesucht werden vor allem Wirtschaftswissenschaftler, Geowissenschaftler, Ingenieure und Informatiker.

Gasbranche (Verteilung): Die Erdgasbranche beschäftigt sich im Kernbereich mit der Gasversorgung. Durch Verträge mit in- und ausländischen Erdgasproduzenten wird die Versorgung von Industriekunden und Kraftwerken sowie weiterverteilenden Gasgesellschaften sichergestellt. Gesucht werden Wirtschaftswissenschaftler, Juristen, Wirtschaftsingenieure, Ingenieure (unter anderem Versorgungstechnik), Naturwissenschaftler und Informatiker.

Kernkraft: Die Kernenergiebranche ist im Wesentlichen gekennzeichnet durch den Betrieb von Kraftwerken. Im Zuge des Atomausstiegs, wie er von der Bundesregierung im Jahr 2011 beschlossen wurde, nimmt die Bedeutung der Kernenergie schrittweise ab.

Kohlebranche: Die Kohlebranche beschäftigt sich im Wesentlichen mit dem nationalen und internationalen Abbau des Rohstoffs Kohle, der Kohleverarbeitung, dem Kohlehandel und der Bergbauzulieferindustrie. Gesucht werden in erster Linie Ingenieure für Bergbautechnik, Wirtschaftswissenschaftler, Chemiker und Physiker.

Mineralölbranche: Die Mineralölbranche beschäftigt sich in ihrem Kernbereich mit der Produktion und dem Vertrieb von Mineralölprodukten. Forschungsaktivitäten erfolgen vor allem im Bereich neuer Kraftstoffe und Mineralöle. Der Betrieb und die Unterhaltung von Tankstellen, die Lieferung von Heizöl sowie die Herstellung von Heiz- und Schmierstoffen zählen ebenfalls dazu. Weitere Bereiche sind beispielsweise Dienstleistungen rund um den Tankstellenbetrieb. Gesucht werden Betriebswirte, Informatiker, Wirtschaftsingenieure und Chemiker.

Regenerative Energien: Die Regenerative Energiewirtschaft ist unter anderem gekennzeichnet durch den Bau und die Entwicklung von Anlagen für Erneuerbare Energien wie Windenergie, Wasserkraft, Bioenergie, Solarenergie und Geoenergie. Das Spektrum erstreckt sich vom Anlagenbau (Herstellung von Windkraftanlagen oder Biomassekraftwerken) über die Anlagenwartung (Servicedienstleistungen) bis zur Planung und Projektierung bzw. Beratung. Ingenieure unterschiedlichster Fachrichtungen, Naturwissenschaftler und Wirtschaftswissenschaftler haben hier gute Chancen (siehe: Special Greentech).

Strombranche: Kerngeschäft der Strombranche ist die Erzeugung von Strom in Kraftwerken sowie seine Verteilung. Die Energieversorgungsunternehmen (zum Beispiel die Stadtwerke) versorgen die Endverbraucher mit elektrischer Energie. Der Ausbau und die Instandhaltung des Stromnetzes sowie die Wartung und der Betrieb der Kraftwerke sind grundlegende Bereiche. Gesucht werden Elektro-, Bau-, Versorgungsingenieure, Wirtschaftswissenschaftler, Volkswirte, Betriebswirte, Wirtschaftsingenieure und Juristen.

Die Energiewirtschaft meldete 2014 unterschiedliche Ergebnisse. So lag die inländische Produktion von Erdöl bei 3 Mrd. t und von Erdgas bei fast 10 Mrd. m³ – Tendenz gleichbleibend. Dies teilte der Wirtschaftsverband Erdöl- und Erdgasgewinnung (WEG) mit. Neben einem Nachfragerückgang ist daran vor allem die schwierige Erschließung neuer Felder schuld.

Die Zahl der Arbeitsplätze in der deutschen Erdöl- und Erdgasindustrie ist in den letzten Jahren leicht gestiegen. Mehr als 10.000 zumeist hoch qualifizierte Mitarbeiter sind derzeit mit der Suche nach und der Förderung von Erdgas und Erdöl beschäftigt.

Die Stromerzeugung betrug in Deutschland im Jahr 2014 knapp 614 Mrd. kWh, berichtet der Bundesverband der Energie- und Wasserwirtschaft (BDEW). Dabei sichert ein vielfältiger Energiemix eine hohe Versorgungsqualität (siehe Tabelle). Die Braunkohle stellt mit 25,4 % inzwischen einen geringeren Anteil an der Produktion als die Erneuerbaren Energien (26,2 %).

In Deutschland gibt es derzeit rund 1.100 Stromversorgungsunternehmen, darunter mehr als 700 kleine und mittlere Stadtwerke. Dank der Liberalisierung des Strommarktes steigt die Anzahl ausländischer Anbieter. In keinem anderen Land Europas sind so viele Stromanbieter tätig wie in Deutschland. Die Strombranche beschäftigt rund 128.000 Mitarbeiter; Zulieferbetriebe und mittelbar mit ihr zusammenhängende Unternehmen nicht mitgerechnet.

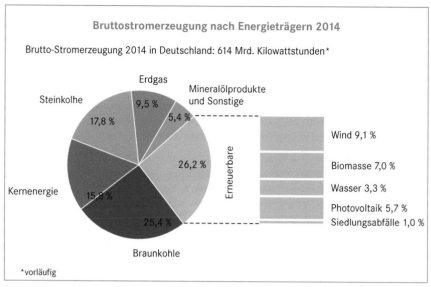

Bruttostromerzeugung nach Energieträgern 2014

Brutto-Stromerzeugung 2014 in Deutschland: 614 Mrd. Kilowattstunden*

Steinkolhe 17,8 %
Erdgas 9,5 %
Mineralölprodukte und Sonstige 5,4 %
26,2 %
Erneuerbare
Kernenergie 15,8 %
25,4 %
Braunkohle

Wind 9,1 %
Biomasse 7,0 %
Wasser 3,3 %
Photovoltaik 5,7 %
Siedlungsabfälle 1,0 %

*vorläufig

Quelle: BDEW, AG Energiebilanzen, Stand: Februar 2015

Die vier größten Unternehmen beherrschen etwa 80 % des Umsatzes des deutschen Strommarktes:

1. E.ON
2. RWE
3. EnBW
4. Vattenfall Europe

Die größten Ökostromanbieter, die Elektroenergie vorwiegend aus erneuerbaren Energie-quellen herstellen, sind

- ExtraEnergie
- LichtBlick
- Entega
- Greenpeace energy
- Elektrizitätswerke Schönau
- Naturstrom

Der Wettbewerb verändert sich. Vor allem, seit die Energiewende beschlossen wurde, spielt der **Umweltschutz** in energiepolitischen Konzepten eine immer größere Rolle. Das heißt, Forschung und Entwicklung gehen immer mehr in Richtung einer nachhaltigen Ener-gieversorgung.

Beispiel Netzausbau: Noch sind die deutschen Stromnetze nicht flächendeckend auf den Transport der erneuerbaren Energien ausgelegt. Bereits im Gesetz zum Ausbau von Ener-gieleitungen aus dem Jahr 2009 hat die Bundesregierung 24 Vorhaben als besonders drin-gend klassifiziert. Erst rund ein Viertel davon sind fertiggestellt. Mit dem neuen **Netzausbau-**

beschleunigungsgesetz, das Planungsverfahren für Höchstspannungsleitungen über Landesgrenzen hinweg in die Zuständigkeit der Bundesnetzagentur verlegt, soll deren Dauer deutlich verkürzt werden. Die Übertragungsnetzbetreiber legten im Sommer 2012 erstmalig den **Netzentwicklungsplan** vor, der Grundlage für den Entwurf des Bundesbedarfsplans der Bundesnetzagentur war. Er enthält für die nächsten zehn Jahre 36 Vorhaben, die energiewirtschaftlich notwendig und besonders dringlich sind. Vorgesehen sind bundesweit 2.800 km neue Trassen, und 2.900 km bestehender Leitungen sind zu verbessern und zu verstärken. Die Kosten liegen geschätzt bei zehn Mrd. Euro, ohne eventuelle Mehrkosten für Erdkabel. Ein großes Vorhaben – da ist es besonders wichtig, dass Bund und Länder gemeinsam agieren.

Beispiel E.ON: Mit über 113 Mrd. Euro Umsatz und über 62.000 Mitarbeitern (2014) ist E.ON nach eigenen Worten einer der weltweit größten Energiedienstleister. Derzeit wird das Unternehmen radikal umstrukturiert: weg von Kohle, Atom und Gas, hin zu erneuerbaren Energien. Arbeitsplätze sollen nicht in Gefahr sein. E.ON ist an Spezialisten interessiert, die ausgeprägte Schwerpunkte in relevanten Studienbereichen haben. Dazu zählen vor allem Ingenieure für Elektrotechnik, Energietechnik, Maschinenbau und Verfahrenstechnik sowie Wirtschaftsingenieure. Auch wer direkt einsteigt, profitiert von einem individuellen Entwicklungsprogramm, das gezielte Weiterbildung und Auslandserfahrungen beinhaltet. Das E.ON Graduate Program bereitet Absolventen auf eine internationale Tätigkeit im E.ON-Konzern vor. Im Rahmen des 24-monatigen Programms absolviert jeder Trainee vier bis fünf Stationen in verschiedenen Fachbereichen und Konzerngesellschaften – eine Station davon im Ausland. Die Festlegung der Stationen erfolgt individuell für jeden Teilnehmer unter Berücksichtigung der Kenntnisse und Interessen.

Anforderungsprofil des E.ON Graduate Programs:

- zügig abgeschlossenes Hochschulstudium mit sehr gutem Abschluss mit einem der folgenden Schwerpunkte:
  - Betriebs-/Volkswirtschaft (Energiewirtschaft, Finanzen, Rechnungswesen, Steuern, Controlling, Unternehmensentwicklung, Personal/Organisation)
  - Wirtschaftsingenieurwissenschaften/Ingenieurwissenschaften (Elektrotechnik, Energietechnik, Maschinenbau, Verfahrenstechnik)
  - Rechtswissenschaften
- idealerweise Fachpraktika und Auslandserfahrung
- verhandlungssichere Deutsch- und Englischkenntnisse
- hohe Flexibilität und internationale Mobilität
- ausgeprägte Eigeninitiative und Teamgeist
- außeruniversitäres Engagement

 Web-Link
Nähere Informationen finden Sie unter www.eon.com/de/karriere.html

Ingenieure steigen in die Energiewirtschaft mit einem durchschnittlichen Bruttogehalt von 42.900 Euro ein und liegen damit im Mittelfeld.

3.7 Special GreenTech

3.7.1 GreenTech – Expansion und Nachfrage

Klima und Umwelt über Ländergrenzen hinweg zu schützen und gleichzeitig den globalen Energiebedarf zu decken, gehört zu den größten Herausforderungen überhaupt. Im Mittelpunkt steht dabei unter anderem, die Treibhausgase zu senken und die Energie noch sehr viel effizienter einzusetzen. Zugleich müssen nicht nur alle damit in Zusammenhang stehenden Maßnahmen bezahlbar bleiben. Es müssen verlässliche politische Rahmenbedingungen weltweit, in Europa und selbstverständlich auch in Deutschland geschaffen und eingehalten werden.

Umwelttechnik und Ressourceneffizienz – Abgrenzung und Aufschlüsselung

Leitmärkte	Marktsegmente	
Umweltfreundliche Erzeugung, Speicherung und Verteilung von Energie	• Erneuerbare Energien • Umweltschonende Nutzung fossiler Brennstoffe • Speichertechnologien	• Effiziente Netze
Energieeffizienz	• Energieeffiziente Produktionsverfahren • Energieeffizienz von Gebäuden • Energieeffizienz von Geräten	• Branchenübergreifende Komponenten
Rohstoff- und Materialeffizienz	• Materialeffiziente Produktionsverfahren • Querschnittstechnologien • Nachwachsende Rohstoffe	• Schutz von Umweltgütern • Klimaangepasste Infrastruktur
Nachhaltige Mobilität	• Alternative Antriebstechnologien • Erneuerbare Kraftstoffe • Technologien zur Effizienzsteigerung	• Verkehrsinfrastruktur und Verkehrssteuerung
Kreislaufwirtschaft	• Abfallsammlung, -transport und -trennung • Stoffliche Verwertung • Energetische Verwertung	• Abfalldeponierung
Nachhaltige Wasserwirtschaft	• Wassergewinnung und -aufbereitung • Wassernetz • Abwasserreinigung	• Effizienzsteigerung bei der Wassernutzung

Quelle: Roland Berger

Die Wirtschaftszweige Umwelttechnik und Ressourceneffizienz entwickelten sich in den vergangenen Jahren sehr dynamisch. Generell sind grüne Technologien Teil unglaublich vieler Branchenbereiche und somit zentrale Schnittstelle zu Technologien und auch Dienstleistungen, die das weite Spektrum Umwelt mehr oder weniger berühren. Auch wenn die Energiewende anstrengender als angenommen scheint und „Schicksalsschläge" offensichtlich dazugehören müssen, sind sie auf einem guten Weg, sich zur Schlüsseltechnologie zu entwickeln. Grüne Technologien vereinen stärker denn je innovative Technik auf höchstem Niveau und das Streben nach ökologischer Nachhaltigkeit. Sie zeichnen alternative und saubere Wege der Energieerzeugung aus regenerativen Ressourcen – Wind, Solar, Biomasse, Geothermie, Kraft der Gezeiten. Grüne Technologien sind aber auch solche für Ressourceneffizienz, Elektromobilität und Recycling. Von der Effizienzrevolution ist die Rede, die CO_2-Emissionen verringert, Verbräuche von Energien und Materialien reduziert und – selbstverständlich – noch bessere Produkte, Konsumgüter und Dienstleistungen auf den Markt bringt. Grüne Technologien sind Innovationen in ganz verschiedenen Feldern, die jedoch grundsätzlich mit Energie zu tun haben.

Zu den erfreulichen Umweltnachrichten gehören die Emissionsdaten 2014 des Umweltbundesamtes. Sie sanken auf den niedrigsten Wert seit 2010. „Der Trend weist endlich wieder in die richtige Richtung. Ein Großteil der Minderung war 2014 auf den milden Winter zurückzuführen. Aber einen Teil des Rückgangs haben wir echten Fortschritten beim Klimaschutz zu verdanken. Jetzt wollen wir diesen Trend verstärken mit ambitionierten Maßnahmen aus dem Aktionsprogramm Klimaschutz. Die Daten zeigen unter anderem Handlungsbedarf bei den Emissionen aus der Kohleverstromung. Es ist besser, jetzt einen sanften, sozialverträglichen Strukturwandel einzuleiten, als später abrupte Brüche zu riskieren", beschrieb Bundesumweltministerin Barbara Hendricks die aktuelle Lage.

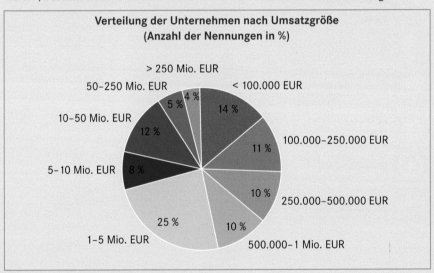

Verteilung der Unternehmen nach Umsatzgröße (Anzahl der Nennungen in %)

Quelle: Roland Berger, Unternehmensbefragung

Klar ist, dass der Rückgang der Emissionen auch darauf zurückzuführen ist, dass weniger fossile Brennstoffe eingesetzt wurden. Mit Blick auf die Energiewirtschaft allgemein und für die allgemeine Strom- und Wärmeversorgung speziell trug sie zur Treibhausgasminderung um knapp 6 % bei, während sie im Verkehr um mehr als 3 % anstieg (Quelle: Umweltbundesamt).

Die Studie „Technologiestandort Deutschland 2020 – Status Quo und Entwicklungsperspektiven für Ingenieure" beschrieb die Zukunft des Technologiestandortes Deutschland für Ingenieure und formulierte sechs globale Trends:

- Die Globalisierung wird uns dauerhaft begleiten. In den nächsten Jahrzehnten werden Themen wie Demografie, Mobilität und Zuwanderung, Energie und Umwelt sowie Sicherheitsaspekte in den Fokus der politischen Aufmerksamkeit rücken.

- Die Weltbevölkerung, die derzeit knapp sieben Mrd. Menschen zählt, wächst weiter und wird sich voraussichtlich im kommenden Jahrhundert bei etwa zehn Mrd. stabilisieren.

- Den Modellrechnungen für Europa zufolge erreicht die Überalterung bzw. Unterjüngung der Bevölkerung etwa Mitte dieses Jahrhunderts ihren Höhepunkt (Anteil der über 65-Jährigen in den 27 EU-Mitgliedsländern bei rund 30 %). Die Überalterung wird die Solidarität zwischen den Generationen auf den Prüfstand stellen. Die erste massive Migrationswelle im 21. Jahrhundert richtet sich auf die Großstädte.

- Das Handelsvolumen dürfte sich trotz eines vorübergehenden Einbruchs 2009 im Zeitraum zwischen 2008 bis 2025 verdoppeln. Laut Prognosen wird die Weltwirtschaft bis 2020 um real 3,5 % wachsen. Ein wesentlicher Wachstumsmotor ist dabei die rasante Entwicklung Asiens, wo große Märkte für Produkte der Grundversorgung bis hin zu hochwertigen Produkten erschlossen werden.

- Öl- und Gaspreise werden steigen. Konflikte um die Verteilung immer knapper werdender Ressourcen wie Nahrungsmittel, Wasser, saubere Luft werden zunehmen.

- Aus ökonomischer Sicht vollzieht sich derzeit eine grundlegende Umverteilung im geopolitischen Machtgefüge. Die Führungsrolle des „Westens" ist umstritten. Staatenzerfall aufgrund von Unterentwicklung, ethnischen Konflikten und Streit um Naturressourcen werden auch in Zukunft zu den globalen Problemen gehören.

Die Deutsche Energie-Agentur (dena) kommt in ihrer im Februar 2013 veröffentlichten Studie „Steigerung der Energieeffizienz mit Hilfe von Energieeffizienz-Verpflichtungssystemen" zu dem Ergebnis, dass in Deutschland noch erhebliche wirtschaftliche Energieeffizienzpotenziale vorhanden sind. Zu vorgelegten Studien des Jahres 2014 gehört die dena-Studie „Systemdienstleistungen 2030". Darin wird mit Blick auf den zügigen Ausbau der Stromerzeugung aus erneuerbaren Energien unter anderem empfohlen: „Die Umsetzung zukunftsfähiger Lösungen zur Erbringung von Systemdienstleistungen in einem Stromversorgungssystem mit hohen Anteilen erneuerbarer Energien muss bereits heute in Angriff genommen werden, damit technisch-wirtschaftlich optimierte Lösungen identifiziert und Verfügbarkeit bis 2030 zuverlässig gewährleistet werden kann."

Der globale Markt für Umwelttechnik und Ressourceneffizienz wird sich bis 2025 mehr als verdoppeln. Studien zeigen, dass das Weltmarktvolumen für grüne Technologie heute über 1.500 Mrd. Euro beträgt. Bis zum Jahr 2020 wird es sich mit 3.300 Mrd. Euro mehr als verdoppelt haben. Allein in Deutschland wird das Marktvolumen von derzeit 220 Mrd. Euro auf über 500 Mrd. Euro anwachsen.

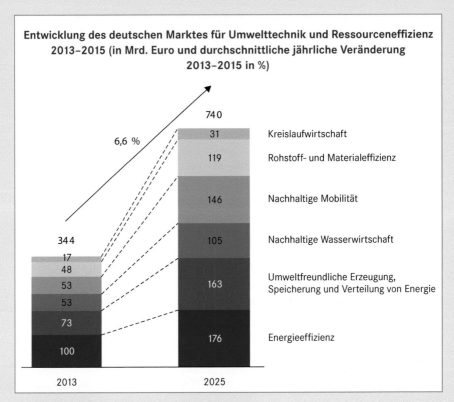

Entwicklung des deutschen Marktes für Umwelttechnik und Ressourceneffizienz 2013–2015 (in Mrd. Euro und durchschnittliche jährliche Veränderung 2013–2015 in %)

740

6,6 %

31	Kreislaufwirtschaft
119	Rohstoff- und Materialeffizienz
146	Nachhaltige Mobilität
105	Nachhaltige Wasserwirtschaft
163	Umweltfreundliche Erzeugung, Speicherung und Verteilung von Energie
176	Energieeffizienz

344

17
48
53
53
73
100

2013

2025

Quelle: Roland Berger

Tipp: GreenTech-Atlas 3.0

Eine realistische Möglichkeit, diese Herausforderung zu meistern, stellt die Umsetzung des Konzepts der Green Economy dar, das intensiv in Politik, Wirtschaft und auf der Ebene internationaler Organisationen wie des Umweltprogramms der Vereinten Nationen, der Organisation für wirtschaftliche Zusammenarbeit und Entwicklung sowie der Weltbank diskutiert und weiterentwickelt wird.

Die Green Economy charakterisiert eine mit Natur und Umwelt in Einklang stehende, innovationsorientierte Volkswirtschaft, die ökologische Risiken begrenzt und wirtschaftliche Chancen nutzt. Dabei ist das Konzept der Green Economy eingebettet in das übergeordnete Leitbild der nachhaltigen Entwicklung.

Der globale GreenTech-Markt wies in 2013 2.536 Mrd. Euro aus, in 2025 rechnet man aus heutiger Sicht mit mehr als dem Doppelten (5.385 Mrd. Euro). Der detaillierte Blick auf das globale Marktvolumen des Jahres 2013 ergibt folgende Situation:

- Energieeffizienz: 825 Mrd. Euro
- Nachhaltige Wasserwirtschaft: 505 Mrd. Euro
- Umweltfreundliche Erzeugung, Speicherung und Verteilung von Energien: 422 Mrd. Euro
- Nachhaltige Mobilität: 315 Mrd. Euro
- Kreislaufwirtschaft: 102 Mrd. Euro

(Quelle: GreenTech made in Germany 4.0 – Umwelttechnologie-Atlas für Deutschland)

3.7.2 GreenTech für Ingenieure

Heute sind Ingenieurinnen und Ingenieure Teil der Lösung für ein zunehmendes, globales Problem – der zukünftigen Sicherung der Verfügbarkeit von Ressourcen. Einen guten Einblick in die Fachbereiche „Sicherheit und Management", „Ressourcenmanagement", „Energiewandlung und -anwendung" und „Strategische Energie- und Umweltfragen" sowie „Luftreinhaltung" und „Lärmminderung" gibt der Verein der Ingenieure (VDI). Der VDI-Jahresbericht 2013/2014 formuliert unter anderem: „Die Energiewende, also der Umbau des deutschen Energieversorgungssystems hin zu erneuerbaren Energien und höherer Energieeffizienz bei Wahrung der Versorgungssicherheit, Wirtschaftlichkeit und Umweltverträglichkeit, stellt aus Sicht des VDI ein ehrgeiziges, aber erreichbares Ziel der Bundesregierung dar. Der VDI hat sich zur Aufgabe gesetzt, die Energiewende aktiv und maßgebend mitzugestalten. Er sieht in den Herausforderungen ein zentrales, faszinierendes und anspruchsvolles Arbeitsfeld für Ingenieurinnen und Ingenieure sowie die Chance, neue Arbeitsplätze in Deutschland zu schaffen."

„Die Energiepolitik muss sich in den nächsten Jahrzehnten an den Grundprinzipien von Technikoffenheit, sparsamer Energienutzung, erneuerbaren Energien, Netzausbau und einem angemessen Kosten-Nutzen-Verhältnis orientieren, damit die Energiewende gelingen kann", erklärt Prof. Udo Ungeheuer, Präsident des VDI. Handlungsbedarf sieht Deutschlands führende Ingenieurvereinigung unter anderem bei der Energie- und Wärmeversorgung von Industrie und Gebäuden. So müssen zum Beispiel die erneuerbaren Energien besser in das vorhandene Energiesystem integriert werden. Wichtige Schritte hierfür sind unter anderem der Ausbau der Übertragungs- und Verteilnetze sowie die Entwicklung von Energiespeichern. Der VDI empfiehlt auch eine entsprechende Weiterentwicklung der Inhalte des Energiewirtschafts- und des Erneuerbare-Energien-Gesetzes.

Neben den erneuerbaren Energien werden aber auch fossile Energieträger zukünftig noch eine wichtige Rolle spielen. Der VDI spricht sich dafür aus, unter Einhaltung der geltenden Umweltschutzmaßnahmen Verfahren zur Gewinnung von Schiefergas (Fracking) sowie zur Abscheidung, Verwertung und Speicherung von CO_2 weiter zu prüfen.

„Die Energiewende stellt ein ehrgeiziges, aber zu erreichendes Ziel dar", so Prof. Ungeheuer. „Zugleich ist sie eine Herausforderung, die ein faszinierendes und anspruchsvolles Arbeitsfeld für Ingenieurinnen und Ingenieure darstellt und die Chance bietet, durch den Export effizienter Energietechnologien neue Arbeitsplätze in Deutschland zu schaffen." (Quelle: VDI)

Die Herausforderungen sind also groß. Nicht nur deswegen blicken Ingenieure in eine überaus spannende berufliche Zukunft. Einige aktuelle Beispiele sollen dies belegen.

Im Karosseriebau engagiert sich das Fraunhofer Institut für Werkzeugmaschinen und Umformtechnik (IWU) zusammen mit Industriepartnern in thermisch-stoffschlüssigen Hybridfügetechnologien für blechförmige Karosseriebaukomponenten in Multi-Material-Bauweise. Bei solchen Hybridfügetechnologien werden zwei thermische Fügeverfahren so angewandt, dass die nichtlösbaren Verbindungen verschiedener Materialien umformbar bleiben. Es gibt bei den Automobilherstellern einen Trend, Leichtbau nicht allein durch Werkstoffe wie Aluminium oder reine Materialeinsparung zu realisieren, sondern auch mit Materialkombinationen wie Stahl-Aluminium, Aluminium-Magnesium und Stahl-Magnesium, die die Vorteile der verschiedenen Materialien kombinieren.

Diese Leichtbaustrukturen werden mit dem Aufkommen von Elektrofahrzeugen mit ihren reichweitenbegrenzten Antriebstechniken und den generellen Emissionszielen noch interessanter. Eine Studie des Instituts für Umformtechnik (IFU) der Universität Stuttgart kommt zu dem Ergebnis, dass sich mittel- bis längerfristig die Multi-Material-Strukturen im Karosseriebau durchsetzen werden, und das bis herunter zum Kleinstwagensegment.

In Zukunft könnten die Leichtbau-Ambitionen der Automobilbauer nicht nur durch Multi-Material-Bauweisen, sondern mit gänzlich neuen Werkstoffen erfüllt werden. Nanostrukturierte Keramiken gelten als neuartiges Material, sie werden am California Institute of Technology (Caltech) in den USA erforscht. Sie kombinieren eine äußerst geringe Dichte mit hoher Stabilität und unterscheiden sich damit von den klassischen Keramiken. Im Labormaßstab werden die nanostrukturierten, dreidimensionalen Keramiken mittels Zwei-Photonen-Interferenzlithografie hergestellt.

Eine verbreitete Ausnahme bildet das Aufheizen des Innenraums von Kraftfahrzeugen aus der Abwärme des Verbrennungsmotors. Die Energieeffizienz im Automobil könnte steigen, wenn aus den heißen Abgasen des Verbrennungsmotors elektrischer Strom erzeugt und in das Bordnetz eingespeist würde. Der Schlüssel dazu sind thermo-elektrische Generatoren (TEG), in Schichten montierte Halbleiter, zwischen deren Flächen elektrischer Strom fließt, wenn zwischen den Flächen eine Temperaturdifferenz besteht. Da sie ohne bewegliche Teile auskommen, sind sie langlebig. Das physikalische Prinzip ist lange bekannt,

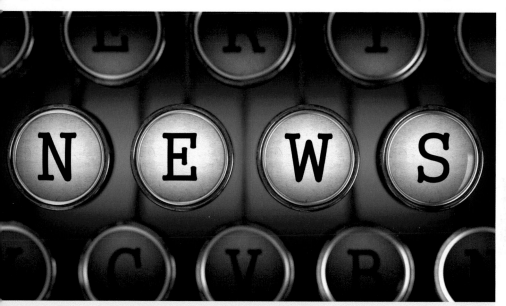

Prototypen liefern in Pkw um die 200 Watt elektrische Leistung, etwa ein Fünftel des Gesamtbedarfs, in Kleinlastern sind es schon 400 Watt. Ein Serieneinsatz scheint ab 2020 möglich.

Gewichtsreduzierung bei völliger Geometriefreiheit – das ist der Vorteil der generativen Fertigung. Ein aktuelles Beispiel stellt das erste generativ hergestellte Titan-Bauteil an Bord des Airbus A350 XWB dar. Der A350 XWB – die Abkürzung steht für eXtra Wide Body, besonders breiter Rumpf – hat im vierten Quartal 2014 seine Zulassungen von der Europäischen Agentur für Flugsicherheit und der Bundesluftfahrtbehörde der Vereinigten Staaten erhalten, die erste Maschine wurde im Dezember 2014 an Qatar Airways ausgeliefert. Mit an Bord sind einige Hundert Kabinenhalter, Brackets, die die Außenhülle des Flugzeugs mit der Kabine verbinden. Einige davon sind testweise gedruckt anstatt gefräst und als sogenannte Flugversuchseinbauten (Flight Test Installations) in der Flugerprobung unterwegs. Zwölf Kabinenhalter werden konventionell aus einem Aluminiumblock gefräst, mit einem entsprechend großen Zerspanvolumen, bei dem rund 95 % recyclingfähiger Abfall entsteht. Beim Laserschmelzverfahren aus Metallpulver erhält man ein endkonturnahes Bauteil mit einem Abfallanteil von etwa 5 %. Die Gewichtseinsparung des gedruckten Bauteils aus Titan beträgt im Vergleich zum gefrästen Teil aus Aluminium etwa 30 % – und das, obwohl die Dichte von Titan über die Hälfte größer ist als die von Aluminium. Titan eignet sich sehr gut, um mit dem Laserschmelzverfahren bearbeitet zu werden, da es eine geringe Wärmeleitfähigkeit aufweist und die Laserleistung sehr gut absorbiert. In der Konstruktion wird die Form der Bauteile durch eine topologische Optimierung so gestaltet, dass Material eingespart wird, ohne die Festigkeit zu beeinflussen.

(Quelle: Technologie-Monitor 10, Oktober bis Dezember 2014 – Technologien und Innovationen aus dem Bereich Ressourceneffizienz, VDI Technologiezentrum)

Die Umwelttechnik-Branche hat sich als Dienstleister etabliert. Roland Berger Strategy Consultants strukturiert sie in originäre, industriebezogene und unternehmensbezogene Dienstleistungen.

1. Originäre Umwelttechnik-Dienstleistungen: Sie haben einen unmittelbaren Bezug zur Umwelttechnik. Abnehmer sind zum Beispiel Privatpersonen, Unternehmen und öffentliche Institutionen. Zu den klassischen Vertretern zählt der Energieberater.

2. Industriebezogene Umwelttechnik-Dienstleistungen: Sie unterstützen bestimmte Stufen der Wertschöpfung in der Umwelttechnik-Industrie. Entwicklungsdienstleister fördern beispielsweise die Generierung von Produkt- und Prozessinnovationen.

3. Unternehmensbezogene Umwelttechnik-Dienstleistungen: Sie werden für das gesamte Umwelttechnik-Unternehmen angeboten und sind nicht auf einzelne Teile der Wertschöpfungskette beschränkt. Dahinter verbirgt sich zum Beispiel die Beratung im Bereich Wachstumsfinanzierung.

Energieberater sind Experten. Ihre wesentliche Aufgabe ist, dafür zu sorgen, dass sowohl in der Industrie als auch zu Hause möglichst sparsam und umweltschonend gearbeitet, gebaut und gelebt wird. Viele von ihnen sind Ingenieure, die sich aufgrund ihrer technischen Ausbildung in der grünen Welt auskennen. Energieberater kann im Grunde jeder werden. Das liegt daran, dass die Berufsbezeichnung „Energieberater" bisher nicht geschützt ist. Bestens geeignet für die interessante und anspruchsvolle Aufgabe sind daher Ingenieure, die ein technisch-naturwissenschaftliches Studium erfolgreich abgeschlossen haben und sich im Rahmen einer Weiterbildung ganz speziell schulen ließen.

Entwicklungsdienstleister sind fachlich fit und kompetent und übernehmen Verantwortung. Sie arbeiten mit modernen technischen Ausrüstungen, sind strukturiert und organisiert und in der Lage, sicher zu kommunizieren. Als Partner der Automobilbranche bieten sich ansprechende Innovationsfelder – alternative Antriebe, Elektronik, Hybridtechnik, Sicherheit. Entwicklungsdienstleister, auch EDL genannt, entwickeln, produzieren und vertreiben hier Automobile. Die Nachfrage von EDLs steigt, da sich Hersteller und Zulieferer in ihr eigentliches Geschäft zurückziehen. Die Folge sind stärkerer Wettbewerb, verschobene Kompetenzen und größere Anstrengungen bei der weltweiten Suche nach ihnen. Da Wissen, Erfahrungen und Kompetenzen unter anderem durch Pensionierungen verloren gehen, steigt die Nachfrage nach externen Entwicklungsdienstleistern sowohl bei Herstellern als auch Zulieferern. Ingenieure, die in der Automobilbranche als Entwicklungsdienstleister einsteigen, müssen ihr Handwerk wirklich gut verstehen, um bestenfalls eine sichere Brücke zwischen Hersteller und Zulieferer zu bilden. Gesucht werden in der Regel erfahrene, mehrsprachige Projektleiter und Ingenieure, die Probleme lösen können. Sie sollten auch erfahren im Management sein und branchenübergreifendes Verständnis mitbringen. Aus Sicht der Automobilindustrie werden Entwicklungsdienstleister noch mehr internationale Arbeitsplätze und Großprojekte übernehmen. Damit steigt natürlich auch ihre Verantwortung.

3.7.3 Verdienst und Einstieg

Die Verdienstmöglichkeiten variieren und sind insbesondere davon abhängig, welche Arbeiten das jeweilige Unternehmen erbringt. Zugleich spielt der Standort des Betriebes eine entscheidende Rolle.

Der Einstieg in Unternehmen ist in den unterschiedlichen Tätigkeitsfeldern ähnlich, aber nicht deckungsgleich – drei Praxisbeispiele.

Gehaltstabelle Bundesland (Einstiegsgehälter)	Brutto/Monat (minimal) in Euro	Brutto/Monat (maximal) in Euro
Baden-Württemberg	3.016	5.769
Bayern	3.332	4.348
Berlin	2.018	4.536
Brandenburg	1.324	2.975
Bremen	2.487	5.590
Hamburg	3.038	6.827
Hessen	2.053	3.695
Mecklenburg-Vorpommern	1.556	3.496
Niedersachsen	2.696	4.122
Nordrhein-Westfalen	3.658	4.869
Rheinland-Pfalz	1.912	4.297
Saarland	2.272	5.107
Sachsen	1.803	3.609
Sachsen-Anhalt	1.945	4.372
Schleswig-Holstein	1.987	4.465
Thüringen	1.542	3.466

Quelle: http://www.gehaltsvergleich.com/gehalt/Dipl-Ing-Umwelttechnik-Techn-Umweltschutz

E.ON gehört zu den weltweit größten privat geführten Strom- und Gasunternehmen. Rund 58.500 Mitarbeiter erwirtschaften in 2014 einen Umsatz von 111,6 Mrd. Euro. Ihr Ziel ist es, mit neuen Technologien saubere und auch bessere Energie zu liefern. Energielösungen von E.ON stehen künftig auf drei Säulen – Erneuerbare Energien, Energienetz und Kundenlösungen. Auch E.ON sucht gute Nachwuchskräfte. Mit einer aussagekräftigen Bewerbung und dem nötigen Fingerspitzengefühl während des Bewerbergesprächs kann es gelingen, einen guten Arbeitsvertrag zu erhalten. Denn E.ON holt jedes Jahr die besten Praktikanten und auch Werkstudenten ins „on.board – E.ON Students Program". Ziel ist es, die Betreffenden weiterzuentwickeln und Karrierewege klarer aufzuzeigen. Wie man zur Bordkarte kommt? Studenten sollten mindestens noch zwei Semester zu absolvieren haben und sich bewerben. „Mein Vorgesetzter empfahl mir aufgrund meiner Leistungen als Werkstudent, mich für on.board zu bewerben. Und die Rechnung ging auf: on.board war ein super Einstieg, durch den ich viele Bereiche kennenlernen konnte. Auch die Workshops fand ich gut, weil es um praxisnahe Themen wie zum Beispiel ein Assessment Center Training ging. Diese Erfahrung konnte ich schon bald nutzen – bei meiner Bewerbung für das E.ON Graduate Program. Das Ergebnis: Heute bin ich Ingenieur – und begeisterter Trainee", fasst Andreas Bader, Trainee bei der E.ON Energie AG das Wesentliche zusammen.

Ablauf E.ON Graduate Program

Mentoring																	
Training	●				●						●						
Stationen	1. Station (Heimat)				2. Station				3. Station (im Ausland)				4. Station				Abschluss (Heimat)	
Monat	1	2	3	4	5	6	7	8	9	10	11	12	13	14	15	16	17	18

Um am Graduate Program teilnehmen zu können, müssen ganz bestimmte Voraussetzungen erfüllt werden. Dies erfordert unter anderem ein zügig abgeschlossenes Hochschulstudium mit sehr gutem Abschluss in Betriebs-/Volkswirtschaft (Energiewirtschaft, Finanzen, Rechnungswesen, Steuern, Controlling, Unternehmensentwicklung, Personal/Organisation), Wirtschaftsingenieurwissenschaften/Ingenieurwissenschaften (Elektrotechnik, Energietechnik, Maschinenbau, Verfahrenstechnik), Rechtswissenschaften. Ideal sind Fachpraktika und Auslandserfahrung, verhandlungssichere Deutsch- und Englischkenntnisse, hohe Flexibilität und internationale Mobilität, ausgeprägte Eigeninitiative und Teamgeist und außeruniversitäres Engagement.

Studenten können im Rahmen der Hochschulförderung an verschiedenen internationalen Universitäten und Hochschulen die energetische Zukunft erforschen. „Ein gelungenes Beispiel für eine solche Kooperation ist das 2006 gemeinsam mit der RWTH Aachen gegründete E.ON Energieforschungszentrum (E.ON Energy Research Center – ERC), das E.ON über zehn Jahre mit einer Summe von 40 Mio. Euro fördert. Fünf Institute beschäftigen sich mit den Themenfeldern elektrische Energieerzeugung und Speichersysteme, Automatisierungsprozesse in Versorgungsnetzen, Geophysik und Geothermie, Energieeffizienz in Gebäuden sowie Bedürfnisse und Verhalten von Verbrauchern. Formal sind sie über die Fakultäten Elektrotechnik und Informationstechnik, Wirtschaftswissenschaften, Maschinenbau sowie Georessourcen und Materialtechnik verteilt und in deren Forschung und Lehre eingebunden, in der Praxis forschen sie jedoch auch interdisziplinär. (Quelle: E.ON AG)

Wie ernst Umwelt- und Ressourcenschutz genommen werden, zeigt auch das zweite Praxisbeispiel. Die bei der Landesentwicklungsgesellschaft Thüringen angesiedelte **Thüringer Energie- und GreenTech-Agentur** (ThEGA) wurde 2010 gegründet. Sie soll den Einsatz grüner Technologien in Thüringen vorantreiben und die Weiterentwicklung der Thüringer GreenTech-Branchen begleiten. Die ThEGA soll dazu zum zentralen Kompetenz-,

Beratungs- und Informationszentrum ausgebaut werden und Unternehmen, Forschungs- und Bildungseinrichtungen, Kommunen und Verwaltungen sowie private Verbraucher in Fragen rund um die Themen Energie und GreenTech informieren. Die Hochschulen können unter der anerkannten Marke Bauhaus zum Motor dieser Entwicklung werden. Erste Ideen für Pilotprojekte in Sachen energiesparende Gebäude sind bereits entwickelt. Zum einen soll ein Altbauquartier im ländlichen Raum umgestaltet werden, zum anderen ein Industriekomplex in Hermsdorf. Partner aus der Wissenschaft übernehmen die begleitenden Untersuchungen. (Quelle: Thüringer Ministerium für Wirtschaft, Arbeit und Technologie).

„mod.EEM" (modulares EnergieEffizienzModell) ist der Name für professionelles Energiemanagement im Unternehmen. Hierbei werden Energieverbräuche systematisch mit dem Ziel erfasst, Energie zu sparen und die Energieeffizienz zu erhöhen. „Das System mod. EEM steht für Struktur, Visualisierung und Transparenz", beschreibt dessen Flyer das Prinzip (www.modeem.de).

Bei allem durchaus berechtigten Optimismus für und in der GreenTech-Branche sollten sich Hochschulabsolventen darauf einstellen, mit einem befristeten Arbeitsvertrag einsteigen zu müssen. „Von jungen Akademikerinnen und Akademikern mit bis zu einem Jahr Berufserfahrung haben rund 34 % eine befristete Beschäftigung. Zu diesem Ergebnis des Absolventen-Lohnspiegel haben rund 4.300 Befragte beigetragen. Bei den Akademiker/innen mit zwei bis drei Jahren Berufserfahrung geht der Anteil der befristet Beschäftigten auf rund 18 % zurück. In der Gesamtgruppe der akademisch Ausgebildeten mit bis zu drei Jahren Berufserfahrung hat jede/r Vierte einen befristeten Vertrag", schreibt das Online-Portal www.lohnspiegel.de.

> **TIPP FÜR EINSTEIGER** Die GreenTech-Branche in Deutschland braucht auch wirklich gute IT-Spezialisten, insbesondere Software-Entwickler, und Spezialisten für Marketing und Vertrieb. Gute Chancen für den Einstieg haben Berater in der Verfahrenstechnik ganz unterschiedlicher Branchen – Steuerungs- und Messtechnik in der Elektrik, Software zur Steuerung von Energiemanagement.

Info-Tipp 1: Bachelor Plus

Bachelor Plus ist ein Förderprogramm des Deutschen Akademischen Austauschdienstes (DAAD), das aus Mitteln des Bundesministeriums für Bildung und Forschung (BMBF) finanziert wird. Seit 2009 unterstützt es Hochschulen darin, vierjährige Bachelor-Programme mit integriertem einjährigem Auslandsaufenthalt einzurichten. Die Leistungen, die die Studierenden im Ausland erbringen, werden ihnen an der Heimathochschule voll anerkannt. Programme der Projektförderung – aktuell ausgeschriebene und laufende DAAD-Programme – sind auf www.daad.de/hochschulen/ausschreibungen/projekte/de/11342-foerderprogramme-finden/vorgestellt.

Info-Tipp 2:

Deutsches Ressourceneffizienzprogramm (ProgRess), wird vom Bundesministerium für Umwelt, Naturschutz, Bau und Reaktorsicherheit (BMUB) herausgegeben (2. Auflage im Februar 2015 veröffentlicht (http://www.bmub.bund.de/fileadmin/Daten_BMU/Pools/Broschueren/progress_broschuere_de_bf.pdf

Info-Tipp 3:

Umwelttechnologie-Atlas für Deutschland – GreenTech made in Germany 4.0 (Stand: Juli 2014) http://www.bmub.bund.de/fileadmin/Daten_BMU/Pools/Broschueren/greentech_atlas_4_0_bf.pdf

>< Weiterführende Links:
www.greentech-germany.com
www.workingreen.de
www.hochschulkompass.de
http://www.abi.de/studium/studiengaenge.htm
https://www.daad.de/de/index.html

3.8 Nahrungs- und Genussmittelwirtschaft

Die Ernährungsindustrie erzielte 2014 nach Berechnungen der Bundesvereinigung der Deutschen Ernährungsindustrie (BVE) einen Umsatz von 173,2 Mrd. Euro. Das entspricht einem Minus von 1,1 % gegenüber dem Jahr 2013. Damit kämpft die Ernährungsindustrie mit Stagnation. Der Konsolidierungsdruck setzt sich fort. Der BVE schätzt, dass 2014 die Zahl der Betriebe um 1,7 % sank und gut 1.000 Stellen abgebaut wurden. Der harte Preiswettbewerb hat sich fortgesetzt, die Rohstoffpreise sind nach oben geschossen.

Umsatzsteigerungen sind am deutschen Markt fast nur wertmäßig möglich. Wachstum generieren die Lebensmittelhersteller daher durch die Erschließung neuer Absatzmärkte im Export. Mittlerweile verdient die Branche jeden dritten Euro im Ausland. Das Lebensmittelexportgeschäft bleibt mit einem Ausfuhrwert in Rekordhöhe von 56,3 Mrd. Euro in 2014 eine wichtige Ertragsstütze für die Branche.

2014 blieb das Exportwachstum mit +5,6 % zwar positiv, konnte aber den Umsatzrückgang im Inland nicht vollständig ausgleichen.

Die mittelfristigen Geschäftserwartungen der Branche für 2015 sind insgesamt verhalten zuversichtlich, die BVE rechnet für 2015 mit einem leichten nominalen Umsatzwachstum von bis zu 2 %. Bedingt wird ein weiteres Branchenwachstum dabei durch die Entwicklung des Exportgeschäfts, der Marktpreise, der Produktionskosten, des privaten Konsums und des wirtschaftspolitischen Rahmens.

Breites Branchenspektrum

Anteil der Branchen am Gesamtumsatz der Ernährungsindustrie 2013

Fleisch und Fleischprodukte	23,3 %
Milch und Milchprodukte	16,2 %
Backwaren	8,8 %
Süßwaren und Dauerbackwaren	7,7 %
Alkoholische Getränke	7,3 %
Obst und Gemüse (verarbeitet)	5,7 %
Fertiggerichte und sonstige Nahrungsmittel	5,1 %
Mineralwasser und Erfrischungsgetränke	4,4 %
Öle und Fette	4,0 %
Mühlen und Stärke	3,6 %
Würzen und Soßen	2,4 %
Kaffee und Tee	2,3 %
Zucker	2,1 %
Fisch und Fischprodukte	1,2 %
Teigwaren	0,2 %

Quelle: Statistisches Bundesamt, BVE, Stand: 2014

Die Ernährungsindustrie ist mit 555.000 Beschäftigten nicht nur einer der größten, sondern auch einer der stabilsten Industriezweige. 2014 wurden allerdings 1.000 Arbeitsplätze abgebaut. Die Branche ist durch kleine und mittelständische Betriebe geprägt, 5.920 gibt es insgesamt. 95 % haben weniger als 250 Beschäftigte.

Die Branche gehört nicht zu den ganz großen Arbeitgebern für Ingenieure. Nur etwa 10 % der Branchenmitarbeiter sind Hochschulabsolventen. Wenn, dann suchen die Unternehmen Ingenieure der Richtungen

- Verfahrenstechnik
- Verpackungstechnik
- Maschinenbau
- Logistik
- Lebensmitteltechnik
- Lebensmitteltechnologie
- Agrartechnik
- IT

Große Unternehmen bieten oft spezielle Einsteigerprogramme, in kleine Unternehmen steigen Absolventen direkt ein.

Beispiel Nestlé: Nestlé Deutschland beschäftigte im Jahr 2014 rund 12.500 Mitarbeiter, die einen Umsatz von über 3,5 Mrd. Euro erzielten. Das Unternehmen ist aktiv auf den Gebieten

- Getränke (Anteil am Umsatz 28 %)
- Milch-, Diätetikprodukte und Speiseeis (18 %)
- Fertiggerichte und Produkte für die Küche (35 %)
- Tiernahrung (8 %)
- Schokolade und Süßwaren (9 %)

Trainee-Programme werden in den Bereichen Human Resources, Supply Chain Management (SCM), Marketing und Sales, Finance und Controlling sowie Technisches Management geboten. Die Programme dauern in der Regel 24 Monate. Das SCM-Programm zum Beispiel ist dreigeteilt: Sechs Monate werden in einem deutschen Werk verbracht. Hier lernt der Trainee alle am Wertschöpfungsprozess beteiligten Abteilungen des Werkes kennen, ist ebenso am operativen Tagesgeschäft – Produktion, Planung, Lagerung und angrenzende Bereiche entlang der Supply Chain – wie an Projekten und Studien beteiligt.

Danach stehen 15 Monate in der Frankfurter Zentrale auf dem Programm. Im letzten Block des Trainee-Programms ist ein dreimonatiger Auslandseinsatz vorgesehen. Die Nestlé-Forschung benötigt hier vor allem Physiker, Biologen, Biochemiker, Mediziner, Lebensmitteltechnologen und Ingenieure.

Web-Link
Nähere Informationen finden Sie unter www.nestle.de

Kennzahlen der deutschen Ernährungsindustrie 2013

Unternehmen	5.920
Beschäftigte	555.300
Umsatz	175 Mrd. Euro

Quelle: Bundesverband der Deutschen Ernährungsindustrie, www.bve-online.de, 2015

3.9 Textilbranche

Die Textil- und Bekleidungsindustrie ist mit 31 Mrd. Euro Umsatz die zweitgrößte Konsumgüterbranche Deutschlands und beschäftigt heute über 130.000 Mitarbeiter im Inland. Hinzu kommen etwa 280.000 Beschäftigte, die weltweit für deutsche Unternehmen tätig sind. Stärkster Wachstumstreiber sind die technischen Textilien, die ihre Anwendung in einer Vielzahl von Hightech-Produkten in der Automobilindustrie, der Luft- und Raumfahrt, der chemischen, der Bauindustrie sowie der Medizin finden und knapp 50 % des Branchenumsatzes (13 Mrd. Euro) generieren. Der Rest entfällt auf Bekleidung und Heimtextilien. Die außergewöhnlich hohe Exportquote von mehr als 40 % spiegelt die Wertschätzung deutscher Textil- und Bekleidungsprodukte auf den internationalen Märkten wider und unterstreicht die Wettbewerbsfähigkeit der Unternehmen, die sich nach einschneidenden Strukturanpassungsprozessen weltweit behaupten können.

Die Textilbranche gehört mit zu den Hightech-Branchen, die **Textilingenieuren** interessante Perspektiven bieten können. Arbeitgeber in der Textilindustrie sind vor allem Spinnereien, Webereien und Strickereien oder Textilveredelungsbetriebe, der Textilmaschinenbau oder Betriebe, die auf die Herstellung von Textilien aus Vliesstoff oder auf Teppichböden spezialisiert sind. Auch in Kfz-Zulieferbetrieben, im Großhandel oder bei Bekleidungsherstellern können sie Aufgaben übernehmen. Dagegen sind **Ingenieure für Bekleidungstechnik** mit der Fertigung und Vermarktung von Bekleidung befasst. Sie finden in allen Sparten der Bekleidungsindustrie, deren Zulieferindustrie und in Ateliers für Textildesign Arbeit. Darüber hinaus können sie im Groß- und Einzelhandel von Bekleidung tätig werden.

> **TIPP** Wer gute Chancen haben will, muss nicht nur fachlich auf dem neuesten Stand sein, sondern sich ebenso gut in rechtlichen, logistischen und betriebswirtschaftlichen Fragen auskennen.

Folgende Studienrichtungen sind gefragt:

- Textildesign
- Bekleidung
- Bekleidungstechnik
- Bekleidungstechnik / Maschenkonfektionstechnik
- Textiltechnik
- Textil- und Bekleidungstechnik

3.10 Luft- und Raumfahrt

Diese Branche ist eine der am nachhaltigsten wachsenden in Deutschland überhaupt. Sie strahlt wegen ihres technologischen Know-hows sowie ihrer starken Innovationskraft auf viele andere Industriezweige aus. Direkt in der deutschen Luft- und Raumfahrtindustrie sind laut Bundesverband der Deutschen Luft- und Raumfahrtindustrie rund 105.000 Menschen beschäftigt (2014), rund die Hälfte davon sind Hochschulabsolventen. Weitere 250.000 Beschäftigte sind im Luftverkehrsbereich tätig. Weitere gut 700.000 Menschen arbeiten in der Wertschöpfungskette für die Unternehmen der Luft- und Raumfahrtindustrie.

Die Luft- und Raumfahrt gehört zu den Schlüsselbranchen der deutschen Wirtschaft. Mit ihrem hohen Wertschöpfungsanteil und ihrer strategischen Bedeutung schafft und sichert sie hochqualifizierte Arbeitsplätze in Deutschland.

Die industriellen Ausgaben für Forschung und Entwicklung sind, gemessen an den Umsätzen, in der Luft- und Raumfahrtindustrie deutlich höher als in allen anderen Bereichen. Diese Branche ist der Technologiemotor moderner Volkswirtschaften. Sie verbindet fast alle Hochtechnologien des Informationszeitalters miteinander: Elektronik, Robotik, Mess-, Steuer-, Werkstoff- und Regeltechnik, seit einiger Zeit auch Umwelttechnik. Rund 3,2 Mrd. Euro ihrer Einnahmen investiert die deutsche Luft- und Raumfahrt in Forschung und Entwicklung – sie ist damit einer der wichtigsten Schrittmacher bei der Entwicklung neuer Werkstoffe und Technologien nicht nur in Deutschland.

Die Branche erwirtschaftete 2014 einen Umsatz von 30,6 Mrd. Euro. Sie ist vorwiegend mittelständisch organisiert, kleine und mittlere Zulieferer bieten wie in der Automobilindustrie die besten Chancen auf eine Stelle. Zugpferd und Aushängeschild der Branche ist der europäische **Luftfahrtkonzern Airbus**. Er beschäftigt in Deutschland rund 49.000 Menschen an insgesamt 33 Standorten.

Das Unternehmen sucht immer gut ausgebildete Ingenieure, vor allem folgender Studienrichtungen

- Luft- und Raumfahrttechnik
- Maschinenbau
- Elektrotechnik
- Werkstofftechnik
- Fertigungs- und Systemtechnik
- Technische Informatik
- Wirtschaftsingenieurwesen

Wichtige Projekte von Airbus sind Zivilflugzeuge. Mit Airbus ist Europa zum Weltmarktführer im zivilen Luftfahrtbau geworden – und Deutschland ist an diesem Erfolg unmittelbar beteiligt. Außer in Deutschland hat Airbus Produktionsstätten in Frankreich, Großbritannien und Spanien. Teile der Rüstungssparte werden gerade ausgegliedert bzw. verkauft.

Unabhängig davon sind Zulieferer und Dienstleister aus Deutschland mit ihren hoch spezialisierten Produkten und Leistungen weltweit stark nachgefragt. Dazu zählt auch Spitzentechnologie zur Schonung der Umwelt. Führend ist das **Deutsche Zentrum für Luft- und Raumfahrt (DLR)** in der Helmholtz-Gemeinschaft. Es betreibt umfangreiche Forschungs- und Entwicklungsarbeiten in Luftfahrt, Raumfahrt, Energie und Verkehr und ist darüber hinaus als Raumfahrtagentur im Auftrag der Bundesregierung für die Planung und Umsetzung der deutschen Raumfahrtaktivitäten zuständig. Das DLR beschäftigt mehr als 8.000 Mitarbeiter, unterhält 33 Institute bzw. Test- und Betriebseinrichtungen und ist an 16 Standorten vertreten. Die Förderung des wissenschaftlichen Nachwuchses ist ein zentrales Thema. Jährlich werden im DLR zahlreiche Bachelor- bzw. Master- und mehrere Hundert Doktorarbeiten verfasst. Außerdem wird hier eine umfangreiche Personalentwicklung betrieben, beispielsweise mit der Möglichkeit, im Ausland zu arbeiten, sowie mit Patenschaftsverträgen mit anderen Industriefirmen wie Airbus, Siemens und MTU. Neben Forschung und Entwicklung sind Produktion, Qualitätsmanagement, Logistik und Führungsaufgaben hier wichtige Arbeitsfelder von Ingenieuren.

Der Einstieg in die Luft- und Raumfahrtbranche erfolgt meist on-the-job, wird aber gut begleitet.

Beispiel Rolls-Royce Deutschland: Das zukunftsorientierte Unternehmen der Luftfahrtindustrie ist eingebunden in einen globalen Konzern. In den beiden Geschäftsbereichen Aerospace und Land & Sea werden in Deutschland an elf Standorten rund 12.000 Mitarbeiter beschäftigt. Als einziges deutsches Unternehmen, welches den kompletten Service von der Entwicklung über die Fertigung bis hin zur logistischen Unterstützung von Flugtriebwerken anbietet, offeriert Rolls-Royce Deutschland nicht nur eine Vielzahl interessanter Einsatzmöglichkeiten, sondern auch ein dynamisches und internationales Arbeitsumfeld. Ein Training on the Job sichert das Kennenlernen des jeweiligen Arbeitsgebietes inklusive aller notwendigen Weiterbildungsmaßnahmen.

Was Rolls-Royce von Absolventen erwartet:

- einen guten bis sehr guten (Fach-)Hochschulabschluss
- gute Englischkenntnisse
- einschlägige Praktika im angestrebten Unternehmensbereich
- Teamgeist und Engagement
- gute Kommunikationsfähigkeiten
- interkulturelle Offenheit

 Web-Link
Nähere Informationen finden Sie unter www.rolls-royce.com

3.11 Stahlindustrie

Deutschland ist der größte Rohstahlproduzent in der EU. Zusammen mit der EU liegt Deutschland im weltweiten Vergleich auf Platz 2 hinter China und vor Japan, den USA, Indien, Südkorea und Russland. Die Globalisierung hat in den vergangenen Jahren nicht nur das Bild der Weltstahlindustrie stark verändert. Fusionen mit in- und ausländischer

Beteiligung haben auch in Deutschland zu neuen Unternehmensdimensionen geführt. Auch global agierende Konzerne wie Arcelor Mittal, Riva und Feralpi sind durch Unternehmensübernahmen auf dem deutschen Markt präsent.

Die deutsche Stahlindustrie ist in die internationale Arbeitsteilung eingebunden. Ihre Exportquote beträgt 50 %. Aktuell werden rund 80 % des Stahl-Exports in die EU geliefert. Die Lieferungen in die Länder außerhalb der EU betrugen 2014 4,1 Mio. t – etwas weniger als in den Vorjahren. Die wichtigsten Zielländer liegen in den Gebieten NAFTA, Asien und übriges Europa.

2014 war ein gutes Jahr für die Stahlindustrie. 43 Mio. t Rohstahl wurden produziert, etwa so viel wie im Vorjahr. Der Umsatz betrug 46 Mrd. Euro.

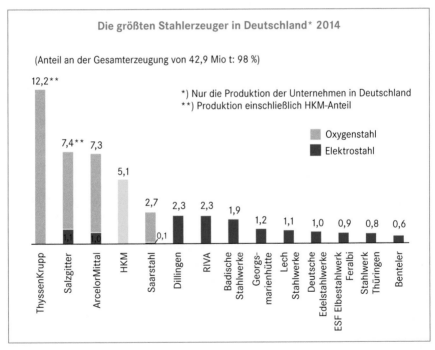

Die größten Stahlerzeuger in Deutschland* 2014

(Anteil an der Gesamterzeugung von 42,9 Mio t: 98 %)

*) Nur die Produktion der Unternehmen in Deutschland
**) Produktion einschließlich HKM-Anteil

Oxygenstahl
Elektrostahl

Quelle: www.stahl-online.de

Der Stahlindustrie fehlen qualifizierte Ingenieure. Vorwiegend besteht ein Bedarf an Metallurgen und Werkstoffwissenschaftlern. Dieser Mangel ist in erster Linie dadurch bedingt, dass zu wenig Studienanfänger eine entsprechende Ausbildung wählen. Denn trotz der positiven Entwicklung der Studiengänge für Metallurgie und Werkstoffwissenschaften beenden jährlich nur 70 bis 80 Absolventen diese Ausbildung. Die Stahlindustrie könnte aber über viele Jahre hinaus jährlich mindestens 150 Bewerber einstellen, etwa doppelt so viele. Die Karrierechancen für Ingenieure sind in diesem Bereich also besser denn je.

Ungeachtet des Rückgangs der Gesamtzahl der Mitarbeiter von 288.000 im Jahr 1980 auf 87.000 im Jahr 2014 in der deutschen Stahlindustrie ist die Zahl der dort beschäftigten Ingenieure mit über 6.000 in den letzten 20 Jahren konstant geblieben. Die neueste Ingenieurerhebung des Düsseldorfer Stahl-Zentrums macht dies deutlich: Der Ingenieuranteil beträgt derzeit 6,1 % aller Beschäftigten, vor 25 Jahren waren es nur 2,7 %. Denkbar sind Karrieren als Führungskraft, in Projekten und als Spezialist. Die Arbeit an Prozess-, Werkstoff- und Produktinnovationen steht hier ganz oben auf der Tagesordnung. Um neue Ideen zu entwickeln, muss über den Tellerrand hinausgeschaut werden. Neben den klassischen Stahlberufen wie Hüttenleute, Metallurgen oder Maschinenbauer sind auch Geografen, Werkstofftechniker, Informatiker und Physiker tagtäglich mit dem Material Stahl beschäftigt. Das Spektrum der verschiedenen Berufe ist in der Stahlindustrie im Vergleich zu anderen Industriezweigen besonders groß. Für den Einstieg bieten die großen Unternehmen Trainee-Programme an.

Beispiel ThyssenKrupp: Die Unternehmen des ThyssenKrupp-Konzerns bieten gegenwärtig zwei Trainee-Programme: ein Konzernprogramm und ein Inhouse-Consulting-Programm. Sie dauern zwischen 12 und 24 Monate.

Web-Link
Nähere Informationen finden Sie unter www.thyssenkrupp.com/de

3.12 Consulting und Ingenieurdienstleistungen

Die Consulting- bzw. Unternehmensberatungsbranche in Deutschland hat 2014 die positive Umsatzentwicklung der Vorjahre fortsetzen können. Der Gesamtumsatz legte um 6,4 % im Vergleich zu 2013 zu und erreichte ein Volumen von 25,2 Mrd. Euro, stellt die aktuelle Branchestudie „Facts & Figures zum Beratermarkt 2014/2015" des Bundesverbandes Deutscher Unternehmensberater (BDU) fest. Auch 2015 rechnen die Marktteilnehmer mit einer guten Nachfrage und planen in der Mehrzahl Personaleinstellungen.

> TIPP Absolventen ingenieurwissenschaftlicher Studiengänge sollten über solide betriebswirtschaftliche Kenntisse verfügen, wenn sie in eine Unternehmensberatung einsteigen wollen.

Ingenieure mit dem nötigen betriebswirtschaftlichen Hintergrund haben gute Chancen, in technisch ausgerichteten Unternehmen als echte Partner Veränderungsprozesse zu begleiten. Vor allem Informatiker mit betriebswirtschaftlichem Background sind als IT-Berater heiß begehrt. Daneben finden auch Wirtschaftsingenieure mit ihrer Affinität zu Wirtschaft und Technik gute Ausgangspositionen im Beratungsgewerbe vor. Der Wettbewerb um begabte Berater mit technischem Know-how ist groß, die Branche steht in direktem Wettbewerb zu allen anderen wirtschaftlichen Bereichen, die Ingenieure suchen. Dieser Trend setzt sich fort. Wer alle Anforderungen erfüllt und engagiert ist, kann in wenigen

Jahren auf der Karriereleiter ein gutes Stück vorankommen und entweder eine Partnerschaft übernehmen oder in die Geschäftsleitung aufsteigen.

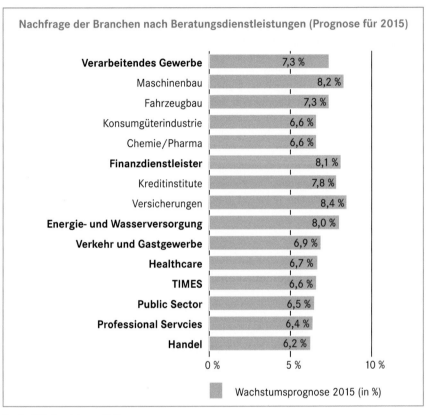

Nachfrage der Branchen nach Beratungsdienstleistungen (Prognose für 2015)

Branche	Wachstumsprognose 2015 (in %)
Verarbeitendes Gewerbe	7,3 %
Maschinenbau	8,2 %
Fahrzeugbau	7,3 %
Konsumgüterindustrie	6,6 %
Chemie/Pharma	6,6 %
Finanzdienstleister	8,1 %
Kreditinstitute	7,8 %
Versicherungen	8,4 %
Energie- und Wasserversorgung	8,0 %
Verkehr und Gastgewerbe	6,9 %
Healthcare	6,7 %
TIMES	6,6 %
Public Sector	6,5 %
Professional Servcies	6,4 %
Handel	6,2 %

Quelle: BDU, Stand: Januar 2015

Beispiel Arthur D. Little: Hier werden Absolventen der Betriebswirtschaft, Wirtschaftsinformatik und -ingenieurwesen, Naturwissenschaften oder technischen Studienrichtungen mit betriebswirtschaftlicher Zusatzqualifikation (MBA, Zweitstudium) gewünscht. Fließendes Englisch und eine weitere Sprache sind erforderlich, ebenso Praktika oder andere Berufserfahrungen sowie ein Auslandsstudium oder andere Auslandserfahrungen.

 Web-Link
Nähere Informationen finden Sie unter www.adlittle.de

Ingenieure können sich als Berater auch **selbstständig** machen. Allerdings ist der Titel „Beratender Ingenieur" gesetzlich geschützt und erfordert unter anderem eine Mitgliedschaft in einer Länderingenieurkammer. Beratende Ingenieure sind in verschiedenen Bereichen tätig:

Tätigkeitsfelder Beratender Ingenieure

Bereich	Anteil in %
Konstruktiver Ingenieurbau/Statik	38,2
Technische Ausrüstung	14,1
Prüfung/Sachverständige	10,7
Verkehr	9,0
Architektur/Gesamtberatung	8,7
Elektrotechnik	7,2
Geotechnik	6,0
Vermessung	2,8
Facility Management	1,0

Quelle: www.vbi.de, Stand: Januar 2013

In Deutschland gibt es rund 58.000 Ingenieurbüros, die mehr als 280.000 Menschen beschäftigen und Bauinvestitionen von rund 211 Mrd. Euro betreuen. Gesucht werden laut einer Ingenieursbefragung des Verbandes Beratender Ingenieure (VBI) zumeist erfahrene Ingenieure (53 %) und Bauleiter (11 %). 17 % der Stellen wurden für Berufsanfänger ausgeschrieben. Frauen erreichen bei Neueinstellungen einen Anteil von fast 30 %. Laut VBI-Konjunkturumfrage vom Frühjahr 2015 können 75 % der Ingenieurbüros vakante Stellen nicht qualifiziert und schnell besetzen. Fast ein Drittel will 2015 Personal einstellen.

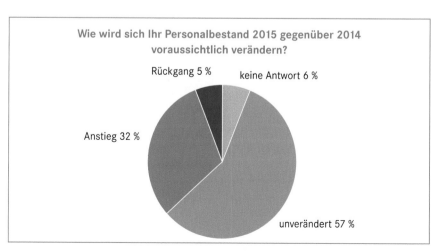

Wie wird sich Ihr Personalbestand 2015 gegenüber 2014 voraussichtlich verändern?

Rückgang 5 %

keine Antwort 6 %

Anstieg 32 %

unverändert 57 %

Quelle: VBI-Konjunkturumfrage 2015

3.13 Logistikbranche

Der Bereich Logistik verändert sich stetig und bringt aufgrund der andauernden Ausdifferenzierung immer wieder neue Aufgabenfelder hervor. Mittlerweile hat sich laut Bundesvereinigung Logistik (BVL) eine begriffliche Einteilung etabliert, die sich an den Phasen des Produktionsprozesses orientiert. So bezeichnet die **Beschaffungslogistik** den Weg der Rohstoffe vom Lieferanten zum Eingangslager, wohingegen die **Produktionslogistik** die Verwaltung von Halbfabrikaten sowie die dazugehörige Material- und Warenwirtschaft beinhaltet. Die **Distributions- oder Absatzlogistik** konzentriert sich auf die Verteilung vom Vertriebslager zum Kunden, während die **Entsorgungslogistik** mit der Rücknahme von Abfällen und Recycling befasst ist, aber auch den Versand von Retourwaren sicherstellt. Dazu kommen die Bereiche Automobillogistik und Seehafenlogistik.

Die Logistik stellt somit für Gesamt- und Teilsysteme in Unternehmen, Konzernen, Netzwerken und sogar virtuellen Unternehmen prozess- und kundenorientierte Verteilungslösungen bereit.

Kaum eine Branche profitiert so von veränderten Konsumgewohnheiten wie die Logistik: Dank E-Commerce (Online-Handel) steigen Umsätze und Personalbedarf. Ins Auge, weil auf Lkw-Planen präsent, fallen die großen Logistikunternehmen wie DHL, Schenker, Lufthansa oder Kühne & Nagel. Doch Logistik findet auch z. B. in Lager- und Lieferbetrieben deutscher Häfen statt, den Toren von Ex- und Import. Eine Faustregel: 1 % Wachstum der Weltwirtschaft bringt 3 % Wachstum in der Logistikbranche.

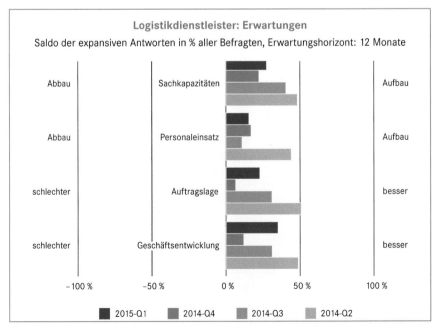

Quelle: Bundesvereinigung Logistik, Stand: Januar 2015

In Deutschland beschäftigten rund 60.000 Logistikunternehmen rund 2,8 Mio. Menschen. Allein in der Metropolregion Hamburg sind es beispielsweise mittel- und unmittelbar 400.000 Personen. Nach Angaben der BVL ist fast jeder sechste Mitarbeiter Akademiker. Die Umfrage „Arbeitgeber Logistik" mit 207 Teilnehmern aus 2013 ergab, dass die Branche derzeit so viele Menschen beschäftigt wie nie zuvor und Personalaufbau plant.

82 % der befragten Unternehmen gaben an, dass die Gehälter in den letzten fünf Jahren gestiegen seien, und auch für das kommende Jahr prognostizieren 51 % der Unternehmen eine überdurchschnittliche Steigerung von mehr als 3 %.

Die Logistik ist in Deutschland der **größte Wirtschaftsbereich nach der Automobil-Wirtschaft und dem Handel**. Sie rangiert noch vor der Elektronikbranche und dem Maschinenbau, mit rund 2,9 Mio. übertrifft sie dessen Beschäftigtenzahl um das Dreifache. Die Steuerung der Waren- und Informationsflüsse, aber auch der Transport der Güter und ihre Lagerung sind wichtige Wirtschaftsfunktionen, die hohe Werte schaffen. Rund 235 Mrd. Euro Umsatz wurden im Jahr 2014 branchenübergreifend erwirtschaftet.

Der Logistikmarkt Europa wird auf 930 Mrd. Euro geschätzt (2013). Daran hat Deutschland mit gut 20 % einen hohen Anteil. Das liegt nicht nur an der geografischen Lage im Herzen Europas – Deutschland nimmt eine internationale Spitzenposition in Infrastrukturqualität und Logistiktechnologie ein.

Nur knapp die Hälfte der logistischen Leistungen, die in Deutschland erbracht werden, besteht in der gemeinhin sichtbaren Bewegung von Gütern durch Dienstleister. Die andere Hälfte findet in der Planung, Steuerung und Umsetzung innerhalb von Unternehmen statt.

Nicht nur wegen seiner **Beschäftigungswirkung** und der Versorgungsfunktion ist die Logistik für den Wirtschaftsstandort Deutschland lebenswichtig. Im weltweiten Vergleich hocheffiziente Logistikstrukturen erhöhen die internationale Wettbewerbsfähigkeit der deutschen Industrie und des Außenhandels. Sie sorgen dafür, dass es sich für die Unternehmen weiterhin lohnt, in Deutschland zu produzieren und die Waren von hier aus in alle Welt zu exportieren.

Das Angebot an zusätzlichen Leistungen und Entwicklungsmöglichkeiten ist vielseitig. Fast 70 % der Unternehmen gewähren überdurchschnittlich viele Weiterbildungstage. Und die Dauer des Arbeitsverhältnisses hat häufig Bestand: Die durchschnittliche Dauer der Arbeitsverhältnisse mit den Mitarbeitern beträgt bei 45 % der befragten Unternehmen mehr als zehn Jahre.

Mehr als die Hälfte der befragten Unternehmen klagt über zu wenig IT-Fachleute, Ingenieure und Betriebswirte sowie Fachkräfte mit kaufmännischer Ausbildung auf dem Arbeitsmarkt. Zudem macht sich fast ein Drittel der Unternehmen große Sorgen, Fachkräfte zu verlieren.

Hochschulen oder interne Qualifizierungen füllen indes nicht die Lücken in „Logistik Management" oder „Technischer Logistik". Und auch die Unternehmen sind selbstkritisch: „Die Karrieremöglichkeiten in der Logistik sind zu wenig bekannt." Hieran gilt es, in den kommenden Jahren zu arbeiten.

3.14 Special Bauwesen

Die Bauindustrie trägt in der deutschen Wirtschaft wesentlich zur Wertschöpfung und Schaffung von Arbeitsplätzen bei. Eine Vielzahl vor- und nachgelagerter Bereiche macht die Bauindustrie zu einem Wirtschaftsmotor, der Wohlstand sichert. Jeder Euro, der heute in die Bauindustrie investiert wird, steigert die gesamtwirtschaftliche Nachfrage um mehr als zwei Euro. Und die Bauindustrie ist stabil, wenn in ihrer gesamtwirtschaftlichen Bedeutung auch leicht sinkend. Sie erbringt rund 4 % der deutschen Wirtschaftsleistung. Die Beschäftigung steigt geringfügig an. Allein im Bauhauptgewerbe sind derzeit rund 757.000 Menschen beschäftigt.

Auch im Ausland ist die deutsche Bauindustrie über Tochter- und Beteiligungsgesellschaften erfolgreich. Im Jahr 2014 lag die international erbrachte deutsche Bauleistung bei über 28 Mrd. Euro.

3.14.1 Struktur der Branche

Die große Masse der Baubetriebe – 89,5 % – beschäftigten 2014 weniger als 20 Mitarbeiter und erwirtschafteten damit einen Umsatzanteil von 33,7 %. Den Löwenanteil am Umsatz von 51,3 % hatten die mittelständischen Betriebe mit 20 bis 200 Mitarbeitern, die allerdings nur einen Anteil von 10,2 % an allen Unternehmen haben. Die großen Firmen mit mehr als 200 Beschäftigten machen hingegen nur 0,3 % aller Firmen aus und erwirtschaften damit einen Umsatzanteil von 15 %. Daraus ist erkennbar, dass neben den großen bekannten Bauunternehmungen auch die vielen kleinen interessante Arbeitgeber sein können. Auf die einzelnen Sparten des Baugewerbes bezogen heißt das: ((• siehe Grafik auf der nächsten Seite oben.))

3.14.2 Branche mit vielen Arbeitsplätzen

Zur Bauwirtschaft gehören das Bauhauptgewerbe und das Ausbaugewerbe. Nach Auskunft des Hauptverbandes der Deutschen Bauindustrie (HDB) sind derzeit rund **150.000 Bauingenieure** in Lohn und Brot. Im Bauhauptgewerbe beschäftigen sich in Deutschland über 70.000 überwiegend kleine und mittlere Unternehmen hauptsächlich mit Roh- und Tiefbauleistungen. Im Ausbaugewerbe leisten rund 250.000 Betriebe vor allem Innenausbau- und Bestandsmaßnahmen. Mit insgesamt 2,5 Mio. Beschäftigten ist die Branche derzeit **einer der größten Arbeitgeber**. Gut 80 % der darin erwerbstätigen Akademiker sind Fachkräfte aus den Bereichen Mathematik, Informatik, Naturwissenschaft und Technik ((• siehe Grafik auf der nächsten Seite unten.))

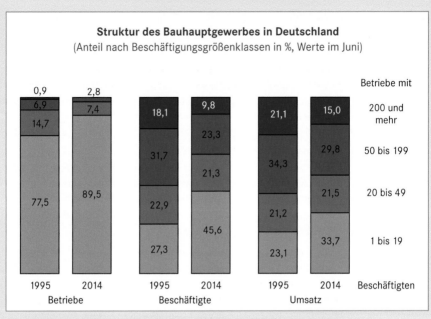

Struktur des Bauhauptgewerbes in Deutschland
(Anteil nach Beschäftigungsgrößenklassen in %, Werte im Juni)

Quelle: Hauptverband der Deutschen Bauindustrie e. V., Stand: 02/2015; Statistisches Bundesamt

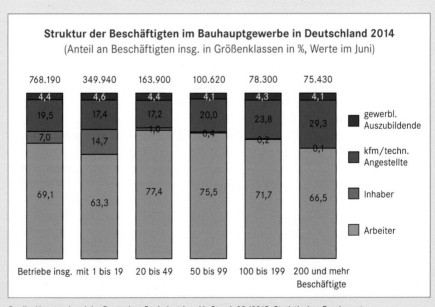

Struktur der Beschäftigten im Bauhauptgewerbe in Deutschland 2014
(Anteil an Beschäftigten insg. in Größenklassen in %, Werte im Juni)

Quelle: Hauptverband der Deutschen Bauindustrie e. V., Stand: 02/2015; Statistisches Bundesamt

Die Mehrzahl der Ingenieurfachkräfte arbeitet in Bauplanung und -überwachung

Sozialversicherungspflichtig beschäftigte Experten im Bauingenieurwesen
Bestand, Anteile in %
Deutschland
31.12.2012 (vorläufige Daten)

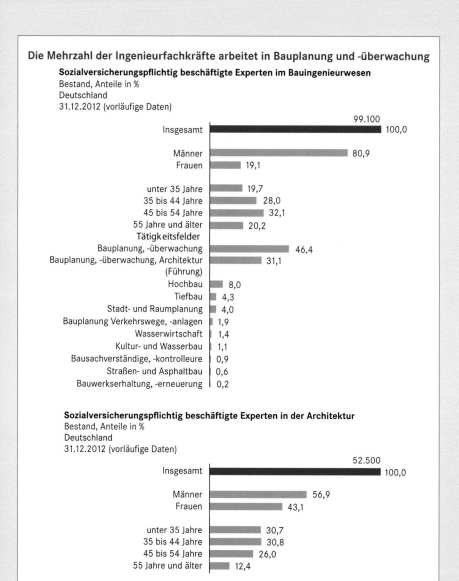

Sozialversicherungspflichtig beschäftigte Experten in der Architektur
Bestand, Anteile in %
Deutschland
31.12.2012 (vorläufige Daten)

Quelle: Bundesagentur für Arbeit, 2013

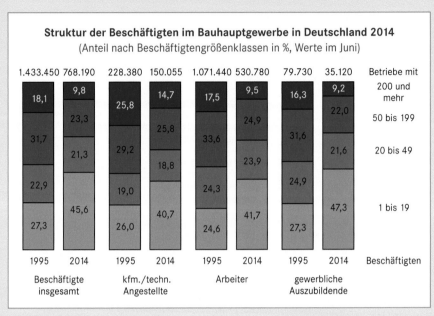

Struktur der Beschäftigten im Bauhauptgewerbe in Deutschland 2014
(Anteil nach Beschäftigtengrößenklassen in %, Werte im Juni)

Quelle: Hauptverband der Deutschen Bauindustrie e. V., Stand 02/2015; Statistisches Bundesamt

Der mit Abstand wichtigste Sektor für die Beschäftigung im Baugewerbe ist der Bereich **Bauinstallationen.** Das hat die Erhebung des Deutschen Instituts für Wirtschaftsforschung (DIW) herausgefunden. Mehr als 670.000 Personen sind dort beschäftigt. Dies entspricht einem Anteil an der Erwerbstätigkeit im Baugewerbe insgesamt von fast 36 %. Ausbaugewerbe und Hochbau des Bauhauptgewerbes liegen – gemessen an der Beschäftigtenzahl – in ihrer Bedeutung etwa gleichauf. Das sonstige Ausbaugewerbe kommt auf einen Beschäftigtenanteil von rund 26 %, der Hochbau des Bauhauptgewerbes auf knapp 29 %. Der kleinste der hier betrachteten Bereiche ist der Tiefbau des Bauhauptgewerbes. Hier arbeiteten gut 190.000 Personen bzw. 10 % aller Beschäftigten des Baugewerbes.

Die größten Bauunternehmen in Deutschland

Platz	Unternehmen	Umsatz 2013 (in Mio. Euro)
1	Hochtief	25.693
2	Strabag	12.410
3	Eurovia	8.600
4	Bilfinger	8.500
5	Züblin	1.700

Platz	Unternehmen	Umsatz 2013 (in Mio. Euro)
6	Max Bögl	1.500
7	Bauer	1.400
8	Goldbeck	1.300
9	Köster	900
10	Leonhard Weiss	886

Quelle: www.gevestor.de

Das Bild der Beschäftigungsentwicklung im Baugewerbe zeigt seit Jahren eine relativ stabile Entwicklung. Die Mehrheit der Angestellten sind Arbeiter.

Die sozialversicherungspflichtige Beschäftigung beschreibt nur einen Teilausschnitt des Arbeitsmarktes für Architekten und Bauingenieure. Insbesondere bei Architekten spielt die **freiberufliche Tätigkeit** eine wichtige Rolle. Bauingenieure arbeiten seltener freiberuflich, etwa jeder Fünfte war hier sein eigener Chef. Laut VDI gab es im Jahr 2013 30.452 Architekturbüros für Hochbau und Innenarchitektur, 5.050 für Landes- und 3.168 für Landschaftsplanung sowie 37.704 Ingenieurbüros für bautechnische Gesamtplanung.

Laut VDI-Ingenieurmonitor vom Februar 2015 waren 17.080 Stellen für Bau- und Vermessungsingenieure sowie Architekten unbesetzt – mehr als für Elektroingenieure (12.070) und auch mehr als für Maschinen- und Fahrzeugtechnikingenieure (14.520). Dem stehen 7.660 arbeitslose Bauingenieure und Architekten gegenüber. Für jeden Arbeitslosen stehen also theoretisch 2,2 offene Stellen zur Verfügung, eine eher moderate Zahl. In anderen Bereichen wie der Maschinen- und Fahrzeugtechnik sind die Engpässe weitaus größer.

Wie auch in den Vorjahren stieg zuletzt die Zahl der Absolventen von Bauingenieurstudiengängen. Im Jahr 2013 starteten fast 6.700 frisch gebackene Bauingenieure ins Berufsleben, darunter mehr als 4.700 mit einem Bachelor-Abschluss. Junge Menschen, die sich für ein Studium des Bauingenieurwesens interessieren, richten sich oft nach der baukonjunkturellen Entwicklung, die Zahl der Studienanfänger entwickelt sich parallel zur Bauproduktion. So gab es nach 1995 in der Baukrise einen erheblichen Rückgang, ab 2007 stieg die Zahl unter dem Eindruck der besseren Perspektiven. Dabei kann es auch sinnvoll sein, „gegen" die Konjunktur zu studieren, also in schwachen Zeiten zu starten, um dann die Chancen eines Aufschwungs mitzunehmen. Die durchschnittliche Studiendauer an Fachhochschulen beträgt derzeit zehn, an Unis zwölfeinhalb Semester. Daher folgt die Entwicklung bei den Absolventen den Erstsemestern mit einer Verzögerung von fünf bis sechs Jahren. Die Zahl der Absolventen dürfte daher auch in den kommenden Jahren hoch sein.

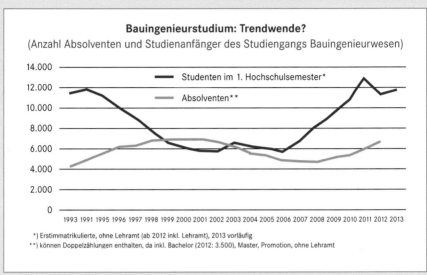

Bauingenieurstudium: Trendwende?
(Anzahl Absolventen und Studienanfänger des Studiengangs Bauingenieurwesen)

— Studenten im 1. Hochschulsemester*

— Absolventen**

1993 1991 1995 1996 1997 1998 1999 2000 2001 2002 2003 2004 2005 2006 2007 2008 2009 2010 2011 2012 2013

*) Erstimmatrikulierte, ohne Lehramt (ab 2012 inkl. Lehramt), 2013 vorläufig
**) können Doppelzählungen enthalten, da inkl. Bachelor (2012: 3.500), Master, Promotion, ohne Lehramt

Quelle: Statistisches Bundesamt, Hauptverband der Deutschen Bauindustrie e. V., Stand: November 2013

Im Studienjahr 2013/14 gab es 12.320 **Neueinschreibungen** in einen Bauingenieurstudiengang, 3,6 % mehr als im Vorjahr.

Die aktuelle Situation der Branche/Ausblick

Die Bauwirtschaft legte 2014 nahezu eine Punktlandung hin: Wie der Hauptverband der Deutschen Bauindustrie Anfang 2015 in seinem „Aktuellen Zahlenbild" mitteilt, stieg der Umsatz im Gesamtjahr um nominal 4,1 % und übertraf damit die Verbandsprognose sogar noch leicht. Die größeren Baubetriebe mit 20 und mehr Beschäftigten erreichten sogar ein Umsatzplus von 4,4 %. Während der Umsatz der Betriebe mit 20 und mehr Beschäftigten im ersten Halbjahr - auch witterungsbedingt - um 12,8 % zulegte, sank er im zweiten Halbjahr um 1,0 %. Entsprechend verunsichert schauen die Bauunternehmen in die Zukunft: Für das Jahr 2015 rechnen zwar noch 84 % der vom Deutschen Industrie- und Handelskammertag (DIHK) im Rahmen der aktuellen Konjunkturumfrage befragten Bauunternehmen mit einer besseren (15 %) bzw. gleichbleibenden (69 %) Geschäftslage, der Anteil der Pessimisten ist binnen Jahresfrist aber um fünf auf 16 % gestiegen. Insbesondere die Entwicklung der Inlandsnachfrage gibt Anlass zur Sorge: Knapp die Hälfte der Befragten, von den Großunternehmen sogar 58 %, sieht hierin ein Risiko für die eigene wirtschaftliche Entwicklung.

Der **Wohnungsbau** war 2014 die stärkste Stütze der Baukonjunktur, der Umsatz der Betriebe mit 20 und mehr Beschäftigten legte um 7,8 % zu, der Auftragseingang stieg um 4,3 %. Die Bausparte hat auch im vergangenen Jahr von den niedrigen Zinsen, der guten Arbeitsmarktlage und dem Wunsch von Kapitalanlegern nach einer wertbeständigen Investition profitiert. Den stärksten Rückgang verzeichnete der **Öffentliche Bau**. Für das Gesamtjahr ergibt sich damit ein Orderrückgang von 3,5 %. Demgegenüber legte der Umsatz 2014 um 3,2 % zu - er profitierte noch von den hohen Auftragseingängen des Vorjahres. Der **Wirtschaftsbau** konnte sich im Gesamtjahr 2014 gegen die im vergangenen Jahr vorherrschende gesamtwirtschaftliche Unsicherheit behaupten: Der Umsatz der Betriebe mit 20 und mehr Beschäftigten legte um 3,7 % zu. Der Hauptverband erwartet für 2015 aber eine leichte Erholung. Dies deckt sich auch mit den Ergebnissen der aktuellen DIHK-Umfrage. Sie ergab im Vergleich zum Herbst einen leichten Anstieg der Investitionsabsichten der Industrieunternehmen aufgrund einer verbesserten Geschäftserwartung.

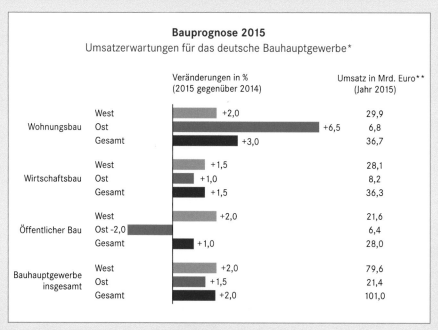

Bauprognose 2015
Umsatzerwartungen für das deutsche Bauhauptgewerbe*

		Veränderungen in % (2015 gegenüber 2014)	Umsatz in Mrd. Euro** (Jahr 2015)
Wohnungsbau	West	+2,0	29,9
	Ost	+6,5	6,8
	Gesamt	+3,0	36,7
Wirtschaftsbau	West	+1,5	28,1
	Ost	+1,0	8,2
	Gesamt	+1,5	36,3
Öffentlicher Bau	West	+2,0	21,6
	Ost	-2,0	6,4
	Gesamt	+1,0	28,0
Bauhauptgewerbe insgesamt	West	+2,0	79,6
	Ost	+1,5	21,4
	Gesamt	+2,0	101,0

* Stand: Januar 2015; nominale Entwicklung; 2014 geschätzt, 2015 Prognose
** gerundet
Quelle: ZDB/HDB

3.14.3 Berufsbild Bauingenieur

Am bekanntesten sind wohl die Teile der Arbeit von Bauingenieuren, die prägend und gestaltend sind für unsere Lebenswelt – Bauingenieure bauen Wohn- und Geschäftshäuser, Fabriken, Kliniken und Museen bis hin zu Straßen, Bahnhöfen, Tunneln und Klärwerken, außerdem Flughäfen, Häfen und Offshore-Windkraftanlagen. Aber auch beim Bauen hat rasanter technischer Fortschritt, besonders im Hinblick auf Klima- und Umweltschutz, das Arbeitsfeld erheblich erweitert. Aus dem „einfachen" Bauen ist komplexes Entwickeln, Planen und Verwerten geworden. Der Lebenszyklus von Gebäuden und Anlagen rückt in den Mittelpunkt. Das bedeutet für den Bauingenieur, neue Aufgaben in der Projektentwicklung, in der Finanzierung und im Facility Management zu übernehmen.

Für **Mobilität und Infrastruktur** gibt es viele deutlich sichtbare sowie eher unsichtbare Beispiele: Straßen und Brücken, als Voraussetzungen für Verkehrsentwicklung und Mobilität. Oder Trinkwasserver- und Entsorgungssysteme. Ein unterirdisches Kanalnetz – in Deutschland ist es länger als die mittlere Entfernung zum Mond (384.400 km) – leitet das Abwasser zu Klärwerken, die es wiederum gereinigt den Flüssen zuführen. Bau und Wartung dieser Systeme gehören zu den vielen Aufgaben des Bauingenieurs.

Bauingenieure sind Experten für die **energetische Sanierung von Wohn- und Bürogebäuden,** aber auch von großen Anlagen und Fabrikgebäuden. Eine wichtige Leistung, die hilft, Energie zu sparen und so die negativen Auswirkungen des Klimawandels zu begrenzen.

Energieeinsparung und -gewinnung sind generell Zukunftsthemen, die Bauingenieure zunehmend beschäftigen: Bei der Entwicklung von Offshore-Windparks, von CO_2-armen Kraftwerken der neuesten Generation, von Geothermieanlagen oder Biomassekraftwerken, die neue Möglichkeiten der Energiegewinnung eröffnen.

Bauingenieure entlasten die Umwelt und schützen Ressourcen durch ihre Arbeit im Bereich **Abfall- und Altlastenentsorgung.** Wie die Menschen kommen auch Gebäude und Städte hierzulande in die Jahre. Beides erfordert einen ganzheitlichen **Stadtumbau und -rückbau,** eine intelligente Weiterentwicklung der Verkehrs- und Leitungsnetze inbegriffen. Ein langfristig herausfordernder Prozess, der unter anderem auf die Bedürfnisse einer älter werdenden Bevölkerung zugeschnitten werden muss.

Die Aussichten für exzellent ausgebildete Bauingenieure sind also gut. In einer zunehmend komplexen Welt ist Spezialisierung eine Voraussetzung für zeitgemäß effektives Bauen. Die Fakultäten und Fachbereiche des Bauingenieurwesens haben auf diese Anforderung reagiert: Parallel zum klassischen Bauingenieurstudium bieten sie eigenständige Studiengänge für Spezialeinsatzgebiete an: Bauprozessmanagement, Energieeffizientes Bauen oder Europäisches Baumanagement sind nur drei von den zahlreichen neuen Optionen, die sich Studenten heute bieten. Ein Blick auf die bisher vorgestellten Aufgabenfelder, die Zukunftsaufgaben und zukünftigen Entwicklungstendenzen im Baugewerbe zeigt: Zukunftssicherheit ist eines der wesentlichen Merkmale des Berufs Bauingenieur. Im Schnitt startet ein junger Bauingenieur mit 40.000 Euro Jahresgehalt, auch 43.000 Euro sind möglich. Master starten mit rund 3.000 Euro mehr als Bachelor-Absolventen. Zwischen Angebot und Nachfrage nach Bauingenieuren bleibt weiterhin ein großer Abstand. Das macht sich auch in einem guten Einstiegsgehalt bemerkbar.

Fazit: Wer jetzt ein Studium des Bauingenieurwesens beendet, hat hervorragende Chancen auf einen Arbeitsplatz nach Wunsch und mit Perspektiven.

Einsatzmöglichkeiten von Bauingenieuren

Konzipieren, Planen, Berechnen, Konstruieren, Organisieren, aber auch Verwalten sind die wichtigsten Tätigkeitsmerkmale des Bauingenieurs. Technische Lösungen von Bauingenieuren sind immer einerseits der Sicherheit (Standsicherheit, Betriebssicherheit, Gebrauchstauglichkeit) und andererseits der Wirtschaftlichkeit verpflichtet. Bauingenieure arbeiten sowohl in Unternehmen aller Größenordnungen in Bauindustrie und Bauhandwerk als auch in Ingenieurbüros unterschiedlichster Größen. Auch im Bereich der **öffentlichen Verwaltung** sind Bauingenieure beschäftigt. Sie können Angestellte, Freiberufler oder Beamte sein. Häufig arbeiten Bauingenieure eng mit Architekten und Stadtplanern zusammen. Für Bauingenieure gibt es eine eigene Laufbahnprüfung (Beamtenlaufbahn) im öffentlichen Dienst. Das Bauingenieurwesen gliedert sich in eine Vielzahl verschiedener Teilgebiete, die den technischen Bereich des gesamten Bauwesens umfassen:

- Konstruktiver Ingenieurbau (Baustatik, Baudynamik, Stahlbau, Massivbau, Holzbau, Hochbau, Glasbau, Membranbau, Brückenbau, Grundbau)
- Wasser und Umwelt (Wasserwirtschaft, Siedlungswasserwirtschaft, Abfallwirtschaft, Wasserbau, Küsteningenieurwesen, Energiewasserbau, Hydromechanik, Stahlwasserbau, Stauanlagenbau, Verkehrswasserbau, Hydrologie)
- Geotechnik (Erd- und Grundbau, Bodenmechanik, Felsmechanik, Felsbau und Tunnelbau, Bergbau)
- Verkehrswegebau (Straßen- und Wegebau, Verkehrsplanung, Eisenbahnbau, in Teilen auch Städtebau)
- Baubetrieb und Bauleitung
- Baustoffkunde, Baustoffprüfung, Bauchemie, Bauphysik
- Bauinformatik
- Sanierung und Bauwerkserhaltung

Unter den Fachgebieten des Bauingenieurwesens sind folgende besonders hervorzuheben:

Hochbau: Der Sammelbegriff Hochbau steht für Baukonstruktionen, die mehrheitlich über der Erde errichtet werden. Im Hochbau ist der Bauingenieur im Bereich des konstruktiven Ingenieurbaus für die statische Berechnung und Bemessung von Tragwerken aller Art verantwortlich. Je nach verwendetem Baustoff ist dabei zwischen Massivbau, Stahlbau oder Holzbau zu unterscheiden. Zu diesen Tragwerken zählen sowohl einfache Geschossbauten (wie etwa Wohn- oder Bürogebäude) als auch anspruchsvolle Bauwerke wie Hallen, Sportanlagen oder Türme. Mithilfe der Festigkeitslehre und der Gesetzmäßigkeiten der technischen Mechanik konstruiert der Bauingenieur ein Tragwerk bestehend aus Platten und Balken, Stützen und Wänden sowie Geschossdecken. Gemäß den äußeren auftretenden Einwirkungen und den geplanten Einwirkungen aus der Gebäudenutzung entsteht so ein statisch wirksames Tragwerk. Gestalterische oder nutzungstechnische Vorgaben werden in diesem Bereich nach den Anforderungen der Bauaufgabe in der Regel von einem Architekten in einem Entwurf zeichnerisch dargestellt und in enger Zusammenarbeit mit dem Bauingenieur umgesetzt.

Ein weiteres Betätigungsfeld des Bauingenieurwesens im Bereich des konstruktiven Ingenieurbaus ist der **Brückenbau**. In diesem Bereich entwirft und berechnet der Bauingenieur Brückentragwerke für Verkehrswege und Versorgungsleitungen.

Baubetrieb und Bauleitung: Ein wichtiger Bereich des Bauingenieurwesens ist die baubetriebliche Betreuung eines Bauvorhabens. Der Bauingenieur übernimmt dabei die Projektleitung (oder Teile von ihr) und führt die Baumaßnahme durch die einzelnen Projektphasen. Er ist verantwortlich für die Koordination einzelner Gewerke und Bauabläufe sowie für die Einhaltung von festgelegten Bauzeiten. Zu diesem Zweck bedient er sich zahlreicher Werkzeuge des Projektmanagements und übernimmt die Ablaufplanung und -steuerung. Bei anspruchsvollen Bauaufgaben, bei denen eine Vielzahl von Bauverfahren zur Anwendung kommen und Bauabläufe streng strukturiert sind (beispielsweise Taktplanung), übernehmen Bauingenieure die Bauleitung. Neben der Bauleitung zählen auch die Bauabrechnung und Ausschreibungsbearbeitung zu diesem Teilgebiet. Der Bauingenieur stellt Ausschreibungsunterlagen zusammen oder verfasst Angebote für Baumaßnahmen. Dabei kalkuliert er Baupreise und plant die Bauvorbereitung, Baustelleneinrichtung und Bauausführung. Während der Bauarbeiten bearbeitet er die Abrechnung und ist für die Nachtragsverwaltung verantwortlich. Nach Abschluss der Baumaßnahme verantwortet er die Kostenfeststellung.

Tiefbau: Hier werden alle Bauaufgaben behandelt, die im Erdreich stattfinden oder mit dem Erdreich zu tun haben. Zu den Kernaufgaben zählt dabei der Erdbau, für dessen Ausführung Kenntnisse im Bereich der Bodenmechanik und der Wasserhaltung notwendig sind. Neben dem Erdbau spielt auch der Grundbau eine wesentliche Rolle, da in diesem Fall Gründungen für Hochbauten vom Bauingenieur entworfen werden und mithilfe der Baugrubensicherung die Erstellung dieser Gründungen möglich gemacht wird. Weiterhin gehören der Einbau und die Wartung aller erdverlegten Ver- und Entsorgungsleitungen zum Bereich des Tiefbaus. In diesem Fall müssen Gräben angelegt und gesichert werden und nach den Leitungsarbeiten wieder ordnungsgemäß verfüllt und verdichtet werden. Der Bauingenieur wählt hierfür geeignete Bauverfahren aus und verhindert so Setzungsschäden an umliegenden Gebäuden und Anlagen. Der Bauingenieur wird auch im Tunnel- und Stollenbau tätig. Dort beschäftigt er sich mit dem Vortrieb des Tunnelbauwerks und kümmert sich um die Erstellung aller beteiligten Bauwerke (wie etwa Bahnhöfe). Erdstatische Berechnungen verhindern den Einsturz des Tunnels und das Eindringen von Wasser.

Sie sind nicht irgendwer.
Also entscheiden Sie nicht irgendwie.

Über 1 Mio. geprüfte Dokumente

Fachbücher
Fachzeitschriften
Bilder + Videos
und viele Extras

Springer für Professionals.
Digitale Fachbibliothek. Themen-Scout. Knowledge-Manager.

Wirtschaft, Technik und Gesellschaft werden von Entscheidungen geprägt, Entscheidungen von Wissen. *Springer für Professionals* liefert Ihnen das entscheidende Wissen - direkt, einfach und verlässlich. Exzellente Redaktionen selektieren und komprimieren für Sie aktuelle Themen Ihres Fachgebiets und verknüpfen diese mit relevantem Hintergrundwissen. Sie haben freien Zugriff auf die größte digitale Fachbibliothek im deutschsprachigen Raum mit über 1 Mio. qualitätsgeprüften Dokumenten, Fachbüchern und Fachzeitschriften. Zudem nutzen Sie intelligente Tools zur persönlichen Wissensorganisation und Vernetzung. Jetzt kostenfrei und unverbindlich für 30 Tage testen unter 0800-500 33 77 oder www.entschieden-intelligenter.de

3.14.4 Einstieg ins Berufsleben

Schon vor dem ersten Arbeitstag entscheidet sich häufig, wie der Einstieg ins Unternehmen stattfinden soll. Viele, vor allem große Unternehmen bieten spezielle Trainee-Programme für Absolventen, deren späterer Einsatz noch nicht hundertprozentig feststeht. Wer die Gelegenheit zu einem solchen Programm bekommt, sollte dankbar zugreifen, da sich die Möglichkeit bietet, das Unternehmen umfassend kennenzulernen. Aber auch ein Direkteinstieg wird häufig durch intensive Einarbeitungsprogramme und Patenkonzepte unterstützt, die den neuen Mitarbeiter zügig und sicher an sein optimales Leistungsniveau heranführen sollen.

Beispiel Hochtief: Die Hochtief-Aktiengesellschaft hat im Jahr 2014 ihre Neuausrichtung mit Konzentration auf die Kernbereiche Bauen, Minengeschäft und Engineering fortgesetzt und dabei erheblich Personal abgebaut. Mit mehr als 53.200 Mitarbeitern und Umsatzerlösen von 22,1 Mrd. Euro im Geschäftsjahr 2014 ist das Unternehmen dennoch auf allen wichtigen Märkten der Welt präsent. Für Absolventen bieten sich Direkteinstieg und Trainee-Programm an. Ein Direkteinstieg richtet sich an Nachwuchskräfte, die genau wissen, wo ihre Interessen und Fähigkeiten liegen. Nach einer intensiven Einarbeitungsphase übernehmen sie schnell eigene Verantwortung. Ein Trainee-Programm ermöglicht durch individuell geplante Rotationen einen tiefen Einblick in unterschiedliche Tätigkeitsfelder. Der internationale Konzern sucht Nachwuchskräfte, die offen sind für neue Kulturen, gern im Team arbeiten und gut Englisch sprechen. Weitere Fremdsprachenkenntnisse sind von Vorteil. Derzeit kann in folgende Tätigkeitsfelder eingestiegen werden, die sich in der Mehrzahl auch für Ingenieure eignen:

- Bauleitung
- Planung, Consulting, Engineering
- Kaufmännische Projektleitung
- Projektentwicklung
- Facility Management
- Property Management
- Controlling und Rechnungswesen

- Finanzen
- Personal
- Strategie
- Einkauf
- Energy Management
- Rechtsreferendare

Perfekt auf den späteren Einstieg ausgerichtet ist ein duales Studium der Bauwirtschaft, das mit Hochtief als Arbeitgeber aufgenommen werden kann. Hier werden nicht nur die Praxisphasen absolviert. Das Unternehmen unterstützt auch beim Studium – etwa bei der Organisation eines Auslandspraktikums – und bietet die Möglichkeit, die Abschlussarbeit vor Ort zu schreiben. Durch den engen Kontakt zum Unternehmen während der gesamten Studienzeit fällt der Einstieg nach dem Studium entsprechend leicht.

 Web-Link
Nähere Informationen und Bewerbung unter: www.hochtief.de/hochtief/6.jhtml

Beispiel Bilfinger: Als Engineering- und Servicekonzern entwickelt, errichtet, wartet und betreibt Bilfinger Anlagen und Bauwerke für Infrastruktur, Immobilien, Industrie und Energiewirtschaft. Weltweit beschäftigt der Konzern mehr als 70.000 Mitarbeiter, die 2014 eine Leistung von rund 7,7 Mrd. Euro erwirtschafteten. Das 2013 gestartete Programm Bilfinger Excellence hat zum Ziel, die Aktivitäten der operativen Einheiten noch stärker auf definierte Kunden und Märkte auszurichten, die konzerninterne Zusammenarbeit zu fördern und die Wettbewerbsfähigkeit des Unternehmens langfristig zu steigern. Strukturen und Prozesse werden grundlegend optimiert, um den Konzern effizienter und schlanker zu machen. Dies ist auch mit einem Abbau von weltweit rund 1.250 Stellen im Verwaltungsbereich in den Jahren 2014 und 2015 verbunden. An Absolventen werden folgende Anforderungen gestellt:

- guter Studienabschluss an einer Uni, TH, TU, FH oder BA
- zielgerichtetes, zügiges Studium
- gute Sprachenkenntnisse in mindestens einer Fremdsprache
- Auslandserfahrungen und/oder Praktika
- Flexibilität, Mobilität und die Bereitschaft zur Weiterentwicklung
- soziale Kompetenz
- Leistungsbereitschaft und Engagement

Je nach Unternehmensbereich werden verschiedenste Einstiegsmöglichkeiten vom Trainee bis hin zum Direkteinstieg mit On-the-Job-Programm für Hochschulabsolventen der Ingenieur- und Wirtschaftswissenschaften geboten. Nach dem Einstieg gibt es keinen festen, vordefinierten Karriereweg, sondern vielfältige Aufgaben und verantwortungsvolle Projekte, die eine flexible, konzern- und fachübergreifende Entwicklung ermöglichen. Den Karriereprozess begleitet die zentrale Führungskräfteentwicklung der Bilfinger SE. Neben einem jährlichen Review aller Führungskräfte und potenzieller Nachwuchskräfte bietet sie konzernübergreifende Qualifikationsprogramme für alle Führungskreise an, wobei sie mit renommierten Anbietern wie der Mannheim Business School kooperiert. Bei diesen Veranstaltungen steht neben der Weiterbildung auch der Austausch mit dem Vorstand und anderen Top-Führungskräften im Vordergrund.

⊠ Web-Link
Nähere Informationen und Bewerbung unter: www.bilfinger.com/karriere/

Beispiel Eurovia: Eurovia ist eine Tochtergesellschaft des VINCI-Konzerns und mit rund 3.500 Mitarbeitern an 120 Standorten in Deutschland ein führendes Unternehmen im Verkehrswegebau.

Mit Hauptsitz in Frankreich verfügt das Unternehmen in 18 Ländern – in Europa sowie in Indien, Nord- und Südamerika – über ein Verbundnetz von 300 Niederlassungen, 1.000 Baustoffproduktionsstätten und Logistikzentren für die Gesteinsversorgung. Damit steht allen Tochterunternehmen ein über Jahrzehnte erworbenes Know-how zur Verfügung. Von der Rohstoffgewinnung über die Produktion von Straßenmaterialien und die eigentliche Bauausführung bis hin zur Straßenbewirtschaftung deckt Eurovia die komplette Wertschöpfungskette ab, um den aktuellen und künftigen Ansprüchen der Kunden und Verkehrsteilnehmer zu entsprechen. In Deutschland entstand die GmbH im Jahre 1999 durch die Zusammenführung der Geschäftsbereiche der 1918 gegründeten Teerbau GmbH und der seit 1953 bestehenden VBU Verkehrsbau Union GmbH. 2013 wurde eine Leistung von 892 Mio. Euro erzielt.

Eurovia bietet Hochschulabsolventen aus den Bereichen Bauingenieurwesen, Wirtschaftsingenieurwesen und wirtschaftswissenschaftliche Studiengänge die Möglichkeit eines Direkteinstiegs sowie den Karrierebeginn über ein Trainee-Programm. Dabei gibt es keine festen Bewerbungstermine, es wird fortlaufend eingestellt. Trainee-Programme können in einer technischen oder kaufmännischen Richtung absolviert werden. In zwei bis drei Jahren werden die Trainees schrittweise durch die Übernahme von Fach- und Führungsaufgaben auf einen späteren Einsatz vorbereitet. Dabei unterstützen vor Ort die Führungskräfte, ergänzt durch eine kontinuierliche individuelle Qualifizierung. Für das technische Trainee-Programm werden Hochschulabsolventen der Fachrichtungen Bauingenieurwesen, Wirtschaftsingenieurwesen oder vergleichbarer Abschlüsse gesucht. Je nach den individuellen Fähigkeiten und Interessen kann man die Richtung Bauleiter, Kalkulator etc. in einem der Geschäftsbereiche einschlagen und dabei beispielsweise zwischen Asphaltstraßenbau, Betonstraßenbau oder konstruktivem Ingenieurbau wählen. Wer eher in den Vertrieb einsteigen möchte, kann zwischen den Trainee-Programmen zum Vertriebsingenieur in einer der Mischanlagen oder zum Beratungsingenieur in der Materialprüfung wählen.

⊠ Web-Link
Nähere Informationen und Bewerbung unter:
www.eurovia.de/karriere/einstiegsmoglichkeiten

4

DIE WICHTIGSTEN DOS & DON'TS
FÜR IHRE BEWERBUNGSSTRATEGIE

Bewerbungsstrategie

Dos:

- Versuchen Sie Ihre eigenen Stärken und Schwächen so objektiv wie möglich zu erkennen.
- Erstellen Sie Ihr berufliches Profil kurz und prägnant.
- Formulieren Sie ein berufliches Ziel.
- Finden Sie Unternehmen, die genau Ihr Leistungsprofil brauchen.
- Betreiben Sie geschicktes Marketing in eigener Sache.
- Bauen Sie berufliche Netzwerke auf und pflegen Sie diese.
- Planen Sie Ihre Karriere kurz-, mittel- und langfristig.
- Steigern Sie Ihren beruflichen Marktwert kontinuierlich.

Don'ts:

- Geben Sie auch bei vielen Rückschlägen keinesfalls auf und federn Sie Attacken auf Ihr Durchhaltevermögen ab.
- Lassen Sie sich nicht vom Zufall leiten – orientieren Sie sich gezielt auf dem Arbeitsmarkt.
- Denken Sie bei der Suche nach potenziellen Arbeitgebern nicht nur in klassischen Bahnen.
- Unterschätzen Sie keinesfalls die Bedeutung von Soft Skills.
- Gehen Sie nie unvorbereitet in ein AC.

Bewerbungsunterlagen

Dos:

- Gestalten Sie jede Bewerbung individuell für den jeweiligen Arbeitgeber.
- Sprechen Sie den Verantwortlichen stets namentlich direkt an.
- Kennen Sie Ihren Ansprechpartner nicht, greifen Sie zum Telefon und bringen Sie seinen Namen in Erfahrung.
- Machen Sie deutlich, was Sie kompetent macht, warum Sie leistungsmotiviert sind und dass auch Ihre Persönlichkeit gut ins Unternehmen passt.

- Senden Sie bei E-Mail-Bewerbungen alle Dokumente in einer PDF-Datei von ca. 3 MB Größe.

Don'ts:

- Unterschätzen Sie keinesfalls die Wirkung Ihres Fotos.
- Unterschätzen Sie auch nicht die Bedeutung Ihrer Unterschrift.
- Lassen Sie es bei der Zusammenstellung der Unterlagen keinesfalls an Sorgfalt mangeln.
- Verwenden Sie keine langweiligen Standardformulierungen.
- Gestalten Sie Ihre Bewerbungsunterlagen nicht achtlos oder anspruchslos.

Vorstellungsgespräch

Dos:

- Bereiten Sie sich mithilfe der Literatur gründlich auf die wichtigsten Fragen vor.
- Überlegen Sie vorher genau, was Sie auf Einwände oder schwierige Fragen antworten werden.
- Üben Sie intensiv die Formulierung eigener Botschaften.
- Beherrschen Sie die Regeln des Small Talks.
- Formulieren Sie vorher Fragen, die Sie selbst stellen wollen.

Don'ts:

- Vermeiden Sie Kleidung, die nicht zur ausgeschriebenen Stelle passt.
- Treten Sie die Anreise nicht ohne ordentliche Planung an – und gehen Sie nicht leichtfertig von staufreien Straßen oder pünktlichen Zügen aus.
- Lassen Sie die Wirkung und Aussagefähigkeit von Körpersprache und Körperhaltung nicht außer Acht.
- Unterschätzen Sie nicht den Sympathie-Faktor.
- Beginnen Sie das Gespräch nicht mit der Gehaltsverhandlung oder Fragen zu den Urlaubstagen

Gehaltsverhandlung

Dos:

- Recherchieren Sie Ihren eigenen Marktwert.
- Erarbeiten Sie überzeugende Argumente und Belege für die eigene Leistungsfähigkeit.
- Lernen Sie vorher, die Regeln der Verhandlungskunst praktisch umzusetzen.
- Reagieren Sie individuell auf die Angebote des Arbeitgebers.
- Sprechen Sie mit dem Gesprächspartner klar und konkret über Ihre eigenen Wünsche und Anliegen.

Don'ts:

- Lassen Sie bei der Verhandlung kein Unterlegenheitsgefühl oder mangelndes Selbstbewusstsein aufkommen.
- Verderben Sie Ihre Erfolgsaussichten nicht durch unzureichende Vorbereitung.

- Halten Sie nicht zu dogmatisch an bestimmten Forderungen fest.
- Unterbrechen Sie den Gesprächspartner nicht.
- Lassen Sie keine Ungeduld erkennen.
- Lassen Sie die Zeichen und Botschaften der Körpersprache nicht außer Acht.

Die ersten 100 Tage im Job

Dos:

- Orientieren Sie sich an der Firmenphilosophie.
- Zeigen Sie sich in fachlicher und menschlicher Hinsicht lernbereit.
- Holen Sie fehlende Informationen gezielt ein.
- Zeigen Sie auch Ihre menschliche, freundlich offene Seite.
- Gehen Sie auf Ihre neuen Kollegen offen zu und stellen Sie sich den Mitarbeitern unaufgefordert vor.

Don'ts:

- Weichen Sie nicht zu sehr von den allgemein akzeptierten Umgangsformen ab.
- Vermeiden Sie verbales Imponiergehabe.
- Gehen Sie nicht unvorbereitet in Meetings.
- Vermeiden Sie aufdringliches Besserwissergehabe.
- Rechtfertigen Sie nicht krampfhaft Fehler, die Sie zu verantworten haben.

Hesse/Schrader – Büro für Berufsstrategie ist ein bekanntes Karriereberatungs- und Seminarunternehmen. Langjährige Berufspraxis, 7 Mio. verkaufte Bücher, jährlich über 500 Seminare sowie über 2.000 Einzelklienten sprechen für eine umfassende Kompetenz und Erfahrung.

www.hesseschrader.com

www.facebook.com/hesseschrader

Über die Autoren

Elke Pohl

startete ihre berufliche Karriere nach dem Journalistikstudium bei der Berliner Tageszeitung *Junge Welt*, wechselte dann als Redakteurin in die Lokalredaktion Bernau der heutigen *Märkischen Oderzeitung* und nach einigen Jahren in den damaligen Berliner Verlag Die Wirtschaft (heute Huss-Verlag). 1990 entstand das erste Ratgeberbuch *Rückkehr in den Beruf*. Nach einigen Jahren Presse- und Marketingtätigkeit – u. a. bei der Allianz Versicherung in Berlin – wechselte sie 1999 in die berufliche Selbstständigkeit mit den Schwerpunktthemen „Beruf und Karriere" sowie „Verbraucherrecht". Seitdem verfasste sie etwa 35 Ratgeberbücher für verschiedene renommierte Verlage und arbeitet an verschiedenen Fach- und Publikumsmagazinen sowie Online-Portalen mit.

Homepage: www.elke-pohl-medienservice.de

Bernd Fiehöfer

schreibt und fotografiert seit seinem erfolgreichen Abschluss des Fernstudiums an der Journalistenschule des Deutschen Fachjournalistenverbandes (heute Freie Journalistenschule, FJS). Er ist als freiberuflicher Fachjournalist aktuell für mehrere Fachmagazine und verschiedene Publikationen von Bundesverbänden tätig. Zu den Auftraggebern zählen unter anderem der Verlag medialog, der Bundesverband Tankstellen und Gewerbliche Autowäsche, der Bundesverband Freier Tankstellen und die Einkaufsgesellschaft Freier Tankstellen sowie die Industrie. Gleichzeitig ist er Buchautor, produziert Porträt- und Imagefilme, gestaltet Flyer, Prospekte und City-Light-Poster sowie Webpräsenzen für kleine und mittelständische Unternehmen. Er schrieb für das Online-Portal www.studienwahl.de, das Karriere-Portal www.monster.de und für die Berufsinformationszentren der Bundesagentur für Arbeit.

Website: www.berndfiehoefer.de, E-Mail: post@berndfiehoefer.de

Beitragsautoren

Hesse/Schrader – Büro für Berufsstrategie

Hesse/Schrader – Büro für Berufsstrategie ist ein bekanntes Karriereberatungs- und Seminarunternehmen. Bereits seit 1992 bieten die Karriere-Coaches und Trainer des Büros individuelle Beratungen aus dem gesamten Themengebiet Job und Karriere an. Sie entwickeln erfolgreiche Strategien in Orientierungs- und Veränderungsphasen und beraten kompetent in allen Bewerbungsprozessen. Zur Stärkung sozialer Kompetenzen, zur Erreichung persönlich definierter Ziele und zur Bewältigung von Konfliktsituationen am Arbeitsplatz bieten sie bundesweit – in Berlin, Frankfurt/Main, Stuttgart, Hamburg und München – prozessbegleitendes Coaching an. Langjährige Berufspraxis, mehrere Mio. verkaufte Bücher, jährlich über 500 Seminare sowie über 2.000 Einzelklienten sprechen für eine umfassende Kompetenz und Erfahrung.

Hesse/Schrader – Büro für Berufsstrategie
Oranienburger Straße 5
10178 Berlin
Tel. 030 288857-0

info@hesseschrader.com
www.hesseschrader.com
www.facebook.com/hesseschrader
www.twitter.com/hesseschrader

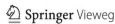

Printed in the United States
By Bookmasters